"十三五"高等职业教育规划教材

程序设计语言
（C 语言）

李　岚　胡昌杰　主　编

沈小波　王　亮　朱运乔　副主编

U0316705

中国铁道出版社有限公司

CHINA RAILWAY PUBLISHING HOUSE CO., LTD.

内 容 简 介

本书详细介绍了 C 语言的基础知识，包括数据类型、结构化程序设计及相关控制语句、数组、函数、指针、结构体及文件等。

本书在编写上体现了任务引领式教学思想，每个单元的开头展示了本单元的知识目标和能力目标，围绕本单元的知识目标和能力目标提出了一个总体任务，然后通过对与任务相关知识的学习，逐步达到完成本单元任务的目的，为巩固和强化知识的应用，设置了同步训练环节，该环节分为指导部分和练习部分，指导部分给出任务需求说明、实现思路和实现代码，练习部分基本以指导部分为模型，进行变形从而达到仿学仿做的教学效果。

本书知识结构完整、例题设计精巧、习题丰富多样，强调对知识应用能力的培养。引导学生通过上机实际操作，培养及训练学生的程序设计技能以及分析问题和解决问题的能力。

本书中的示例代码均经过细心调试，保证能够正确运行。

本书适合作为高职高专院校相关专业的教材，也可作为成人教育和在职人员的培训教材，亦可作为 C 语言程序设计爱好者的自学参考书。

图书在版编目（CIP）数据

程序设计语言：C 语言 / 李岚，胡昌杰主编 . —北京：中国
铁道出版社有限公司，2019.8（2024.8 重印）
"十三五"高等职业教育规划教材
ISBN 978-7-113-26136-8

Ⅰ . ①程⋯ Ⅱ . ①李⋯②胡⋯ Ⅲ . ① C 语言 - 程序设计 -
高等职业教育 - 教材 Ⅳ .① TP312.8

中国版本图书馆 CIP 数据核字（2019）第 166922 号

书　　名：**程序设计语言（C 语言）**
作　　者：李　岚　胡昌杰

策　　划：徐海英　　　　　　　　　　　　　　　　编辑部电话：（010）51873135
责任编辑：翟玉峰　包　宁
封面设计：刘　颖
责任校对：张玉华
责任印制：樊启鹏

出版发行：中国铁道出版社有限公司（100054，北京市西城区右安门西街 8 号）
网　　址：https://www.tdpress.com/51eds/
印　　刷：河北燕山印务有限公司
版　　次：2019 年 8 月第 1 版　2024 年 8 月第 6 次印刷
开　　本：850 mm×1 168 mm　1/16　印张：15　字数：365 千
书　　号：ISBN 978-7-113-26136-8
定　　价：39.80 元

版权所有　侵权必究

凡购买铁道版图书，如有印制质量问题，请与本社教材图书营销部联系调换。电话：（010）63550836
打击盗版举报电话：（010）63549461

前 言

C语言是一种具有悠久历史的计算机语言，由于其具有表达能力强，使用灵活方便，可移植性好等优点，为广大编程者所喜爱。许多高等学校，不仅在计算机专业开设了C语言课程，而且在非计算机专业也开设了C语言课程。

由于C语言包含的概念比较复杂，规则繁多，使用灵活，容易出错，不少初学者感到困难，选择一本易于入门、容易学习的教材则尤为重要。编者根据多年的教学经验，遵循初学者的认知规律，精选内容，按照难度合适、循序渐进的原则编写了本书。

本书具有以下特点：

1. 任务引领。每个单元均采用任务引领，使学生在进入学习前就能明确本单元的学习任务。

2. 实用性强。引入新的教学思想和方法，力争改变过去定义和规则讲授过多的弊端，从具体任务入手，把枯燥的编程语言讲得生动、活泼。

3. 重视解析。通过具体任务分析，介绍程序设计的基本方法和技巧，循序渐进地培养学生的逻辑思维能力，启发学生思考。

4. 即学即用。每个单元后面配有同步训练，通过即学即用，巩固本单元所学知识，形成了"再学习"过程。

5. 对接考证。对接全国计算机等级考试，设计了单元习题。习题紧扣考试大纲，题型对应考试题型，便于学生参加考证。

本书共分11个单元：单元1是程序设计概述，单元2介绍数据类型，单元3、4、5分别介绍顺序、选择、循环结构，单元6、7介绍数组和字符数组，单元8介绍函数，单元9介绍指针，单元10介绍结构体，单元11介绍文件。书中每个单元以任务为引领，首先通过编写、运行简单小程序来学习完成任务所需要的相关知识，接着通过相近的课堂训练环节，边学边做；知识过关后，进行任务分析、任务实现，用本单元所学知识解决单元任务；为强化知识点的学习，通过同步训练环节，上机完成编程操作，实践和巩固本单元知识学习；单元习题环节，一方面便于学生参加考证进行课后训练，另一方面便于学生进行自我检测。任务引领，知识与实践高度融合，让学生在掌握知识的同时提升编程能力，最终完成本课程的学习。

本书提供微课视频、课程标准、授课计划、电子教案、教学课件PPT、案例源码等丰富的数字化资源，并提供与教材配套的"学堂在线"学习平台，具体使用方式见书后的郑重声明页。如读者在本书及配套数字化资源的使用过程中有任何意见或建议，可发邮件至编者邮箱545815169@qq.com联系。

本书由李岚、胡昌杰任主编，沈小波、王亮、朱运乔任副主编。

由于编者水平有限，书中难免存在不足，恳请广大读者不吝赐教。

编　者

2019年6月

CONTENTS

目　录

单元 1
程序设计概述

知识目标

➤了解C语言的发展及特点。

➤熟悉C程序的基本结构。

➤熟悉C语言的集成开发环境。

能力目标

➤掌握C程序的基本结构。

➤掌握C语言的基本符号与词汇。

➤掌握Microsoft Visual C++ 2010 Express开发环境的使用方法。

➤能够编写并在开发环境中编辑和运行简单的C程序。

任务描述 —— C语言环境的安装及使用

熟悉并掌握C语言开发环境的安装及使用，学会在C语言环境下编写小程序。

相关知识

C语言是计算机编程语言之一，人们现在所使用的浏览器是用C语言编写的，网络服务器也是用C语言编写的。除此之外，许多网络硬件产品的驱动程序都是用C语言编写的。

一、C语言简介

（一）C语言发展史

C语言是一种编译性程序设计语言，1972年由美国的Dennis Ritchie设计发明，并首次在UNIX操作系统的DEC PDP-11计算机上使用。它的前身是BCPL（Basic Combined Programming Language）语言。1970年，贝尔实验室的Ken Thompson根据BCPL语言设计出较先进的并取名为 B的语言，最后促使C语言问世。

随着微型计算机的日益普及，出现了许多C语言版本。由于没有统一的标准，使得这些C语言之间出现了一些不一致的地方。1983年美国国家标准化协会（ANSI）对C语言问世以来的各种版本进行了扩充，制定了ANSI C，成为现行的C语言标准。

早期的C语言主要是用于UNIX系统。由于C语言的强大功能和各方面的优点逐渐为人们认识，到了20世纪80年代，C语言开始进入其他操作系统，并很快在各类大、中、小和微型计算机上得到广泛使用，成为当代最优秀的程序设计语言之一。

（二）C语言的特点

C语言发展如此迅速，而且成为最受欢迎的语言之一，主要是因为它具有强大的功能。归纳起来C语言具有下列功能：

1. C是模块化程序设计语言

C语言的函数结构、程序模块间的相互调用及数据传递和数据共享技术，为大型软件设计的模块化分解技术及软件工程技术的应用提供了强有力的支持。

2. C是结构化程序设计语言

C语言是以函数形式提供给用户的，这些函数可方便地调用，并具有多种循环、条件语句控制程序流向，从而使程序完全结构化。按模块化方式组织程序，层次清晰，易于调试和维护。C语言的表现能力和处理能力极强。

3. C语言功能齐全

C语言程序的逻辑结构可以用顺序、选择和循环三种基本结构组成，便于采用自顶向下、逐步细化的结构化程序设计技术；便于实现各类复杂的数据结构，并引入了指针概念，可使程序效率更高。另外，C语言也具有强大的图形功能，支持多种显示器和驱动器。而且计算功能、逻辑判断功能也比较强大，可以实现决策目的。

4. C语言适用范围广

C语言还有一个突出的优点就是适合于多种操作系统，如DOS、UNIX，也适用于多种机型，广泛地移植到了各种类型的计算机上，从而形成了多种版本的C语言。

总之，C语言简洁、紧凑、实用、方便、移植性好、执行效率高、处理能力强、结构化程度高，但对编程人员要求较高，较难掌握。

（三）C语言源程序的基本结构

1. 范例介绍

为了说明C语言源程序结构的特点，先看以下几个程序。这几个程序由简到难，体现了C语言源程序在组成结构上的特点。虽然有关内容还未介绍，但可从这些例子中了解到组成一个C源程序的基本部分。

【例1-1】在屏幕上显示信息。

程序代码如下：

```
void main()
{
```

```
    printf("Welcome!\n");
}
```

程序说明：

（1）main是主函数的函数名，表示这是一个主函数。每一个C源程序都必须有且只能有一个主函数（main函数）。

（2）void表示main函数无返回值（这一点将在"函数"一章有详细讲述）。

（3）printf是C语言函数库提供的标准函数，该函数的功能是把要输出的内容送到显示器显示。可在程序中直接调用。

【例1-2】求两个整数的和。

源程序

```
#include <stdio.h>          /*include称为文件包含命令，扩展名为.h的文件称为头文件*/
void main()                                    /*定义主函数*/
{                                              /*主函数开始*/
    int x,y,sum;                               /*定义三个整型变量*/
    printf("input 2 numbers:\n");              /*显示提示信息*/
    scanf("%d%d",&x,&y);                       /*从键盘获得两个整数*/
    sum=x+y;                                   /*求x加y的和，并把它赋给变量sum */
    printf("sum=%d\n",sum);                    /*显示程序运算结果*/
}                                              /*主函数结束*/
```

程序说明：

（1）include 称为文件包含命令，其意义是把尖括号<>内指定的文件包含到本程序中，成为本程序的一部分。被包含的文件通常是由系统提供的，其扩展名为h，意为header files，因此又称头文件或首部文件。

（2）这个程序由一个主函数组成。其中int表示变量类型为整型，定义了3个整型变量。

（3）printf( )是用来实现输出的函数。

（4）scanf( )是用来实现输入的函数，%d是输入/输出函数中的格式字符串。

（5）程序中多次出现的"/*"和"*/"是一对注释符，注释的内容写在这对注释符之间。注释的内容对程序的编译和运行不起任何作用，其目的是提高程序的可读性。

2．C语言程序结构特点

一个完整的C程序应符合以下几点：

（1）C程序以函数为基本单位，整个程序由函数组成。一个完整的C程序至少要有一个且仅有一个主函数，它是程序启动时的唯一入口。除主函数外，C程序还可包含若干其他C标准库函数和用户自定义函数。这种函数结构的特点使C语言便于实现模块化的程序结构。

（2）函数由函数说明和函数体两部分组成。函数说明部分包括对函数名、函数类型、形式参数等的定义和说明；函数体包括对变量的定义和执行程序两部分，由一系列语句和注释组成。整个函数体由一对大括号括起来。

（3）语句是由一些基本字符和定义符按照C语言的语法规定组成的，每个语句以分号结束。

（4）C程序的书写格式是自由的。一个语句可写在一行上，也可分写在多行内。一行内可以写一个语句，也可以写多个语句。注释内容可以单独写在一行上，也可以写在C语句的右面。

（5）一个C程序可以由一个或多个源文件组成。

（6）一个源程序不论由多少个文件组成，有且只能有一个main( )函数，即主函数。

（7）注释部分包含在"/*"和"*/"之间。

二、C语言的开发环境

C语言有许多种编译器，这些编译器之间只有很小的差别，只要学会其中的一种，对其他几种就能很快适应。本书主要介绍计算机等级考试二级C语言的考试环境Microsoft Visual C++ 2010 学习版。Visual C++ 2010学习版是一个基于Windows操作系统平台、可视化的软件开发工具，提供了集编辑、编译、连接和运行于一体的集成开发环境。

（一）启动Visual C++ 2010 Express

选择"开始"→"所有程序"→Microsoft Visual Studio 2010 Express命令（见图1-1），即可打开Visual C++ 2010学习版软件初始界面，如图1-2所示。

图 1-1　启动 Visual C++ 2010 学习版菜单

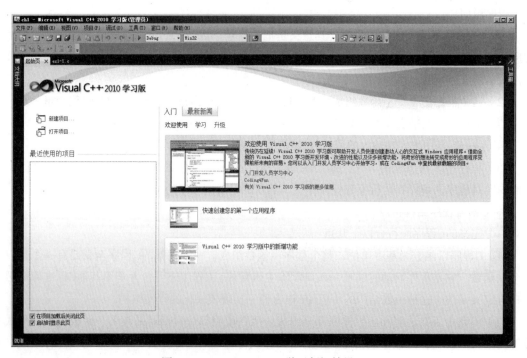

图 1-2　Visual C++ 2010 学习版初始界面

（二）创建一个C语言程序

1．新建项目

选择"文件"→"新建"→"项目"命令，如图1-3所示，即可打开"新建项目"对话框。

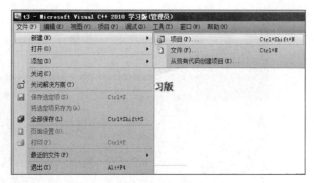

图1-3　新建项目菜单命令

在"新建项目"对话框（见图1-4）中选中"Win32控制台应用程序"选项，输入项目名称，单击"确定"按钮。

图1-4　新建项目对话框

进入"欢迎使用Win32应用程序向导"对话框，如图1-5所示，单击"下一步"按钮，进入"应用程序设置"对话框，如图1-6所示。

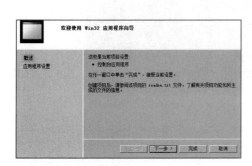

图1-5　Win32应用程序向导

图1-6　应用程序设置

在"应用程序设置"对话框中选中"控制台应用程序"单选按钮和"空项目"复选框，单击"完成"按钮，进入项目开发界面，如图1-7所示。

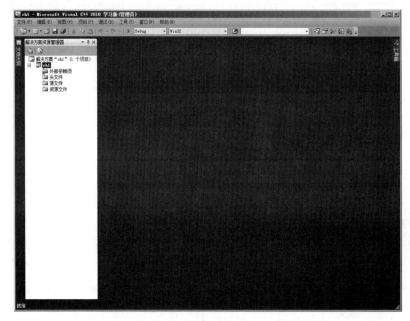

图1-7　项目开发界面

2. 新建源程序文件

右击所创建的项目解决方案"源文件"，在弹出的快捷菜单中选择"添加"→"新建项"命令，如图1-8所示，即可打开"添加新项"对话框。

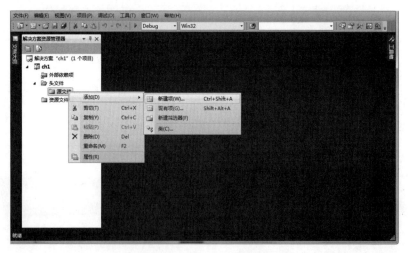

图1-8　新建项菜单命令

在"添加新项"对话框（见图1-9）中，选择"C++文件（.cpp）"，输入一个文件名称（.cpp是C++源文件扩展名，.c是C语言源文件扩展名），单击"添加"按钮，进入源程序编辑界面，如图1-10所示。

图 1–9 "添加新项"对话框

图 1–10 源程序编辑界面

3．编辑、编译、连接、运行代码

在源程序编辑界面中，编辑代码，如图1–11所示。

图 1-11　编辑代码

在源程序编辑界面中，如图1-12所示，选择"调试"→"启动调试"命令（或按【F5】键），即可调试和运行程序，此时将打开控制台输出窗口，显示程序执行后的输出结果，如图1-13所示。

图 1-12　调试和运行程序

图 1-13　程序运行结果输出窗口

编辑、编译、连接、运行代码的整个具体过程如图1-14所示。

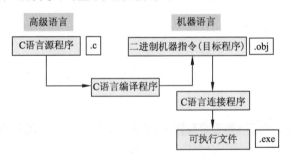

图 1-14　编辑、编译、连接、运行代码的整个具体过程

编辑好的C源程序经过C语言编译程序编译之后生成一个扩展名为.obj的二进制文件（称为目标文件），然后由"连接程序"（Link）把此.obj文件与C语言提供的各种库函数连接起来生成一个扩展名为.exe的可执行文件。

三、C 语言程序的执行过程

使用高级语言编写的源程序都不能直接运行。C源程序在运行之前必须经过编译和连接两个步骤。

（一）源程序、目标程序、可执行程序的概念

程序：为了使计算机能按照人们的意志工作，就要根据问题的要求编写相应的程序。程序是一组计算机可以识别和执行的指令，每一条指令使计算机执行特定的操作。

源程序：程序可以用高级语言或汇编语言编写，用高级语言或汇编语言编写的程序称为源程序。C语言源程序的扩展名为 ".c"。源程序不能直接在计算机上执行，需要用编译程序将源程序编译为二进制形式的代码。

目标程序：源程序经过编译程序编译所得到的二进制代码称为目标程序。目标程序的扩展名为 ".obj"。目标代码尽管已经是机器指令，但是还不能运行，因为目标程序还没有解决函数调用问题，需要将各个目标程序与库函数连接，才能形成完整的可执行程序。

可执行程序：目标程序与库函数连接，形成完整的可在操作系统下独立执行的程序称为可执行程序。可执行程序的扩展名为 ".exe"（在DOS/Windows环境下）。

（二）C语言程序的上机步骤

输入与编辑源程序→编译源程序→产生目标代码→连接各个目标代码、库函数→产生可执行程序→运行程序，如图1-15所示。

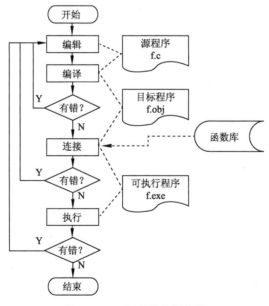

图 1-15 C 程序的上机步骤

任务实施

1. 任务分析

认识并熟悉Visual C++ 2010学习版集成开发环境，掌握开发C程序的步骤。

2．实施过程

（1）代码段1：

```
#include<stdio.h>
void main()              //主函数
{
    printf("让我们一起来学习C语言！\n");
}
```

（2）代码段2：

```
#include<stdio.h>
void main()
{
    int x,y,z;
    printf("请输入两个整数：");
    scanf("%d%d",&x,&y);
    z=x*y;
    printf("两个整数的乘积=%d\n",z);
}
```

同步训练

编写一个程序，输出如下内容：

```
****************************
        进入游戏，请稍候……
****************************
```

习　题

一、选择题

1．以下不是 C 语言特点的是（　　）。

    A．语言的表达能力强　　　　　　　　B．语法定义严格

    C．数据结构系统化　　　　　　　　　D．控制流程结构化

2．C 编译系统提供了对 C 程序的编辑、编译、连接和运行环境，可以不在该环境下进行的操作是（　　）。

    A．编辑和编译　　　　　　　　　　　B．编译和连接

    C．连接和运行　　　　　　　　　　　D．编辑和运行

3．以下不是二进制代码的文件是（　　）。

    A．标准库文件　　　　　　　　　　　B．目标文件

    C．源程序文件　　　　　　　　　　　D．可执行文件

4．下面描述中正确的是（　　）。

    A．主函数中的大括号必须有，而子函数中的大括号可有可无

    B.　一个 C 程序行只能写一个语句

    C.　主函数是程序启动时唯一的入口

    D.　函数体包含了函数说明部分

二、填空题

1. 函数体以符号_____开始，以符号_____结束。

2. 一个完整的 C 程序至少要有一个_____函数。

3. 标准库函数不是 C 语言本身的组成部分，它是由_____提供的功能函数。

4. C 程序以_____为基本单位，整个程序由_____组成。

5. C 源程序文件的扩展名是_____，C 目标文件的扩展名是_____。

6. 程序的连接过程是将目标程序、_____或其他目标程序连接装配成可执行文件。

7. 因为源程序是_____类型的文件，所以它可以用具有文本编辑功能的任何编辑程序完成编辑。

单元 2
基本数据类型、运算符和表达式

知识目标

➢熟悉C语言中的标识符。

➢熟悉C语言中的基本数据类型。

➢熟悉C语言中的常量和变量。

➢熟悉C语言中数据类型转换。

➢掌握C语言中运算符的使用。

➢掌握C语言中的表达式。

能力目标

➢会使用C语言中的常量、变量及不同的数据类型表达数据信息。

➢会使用C语言中的运算符进行计算。

➢会进行不同数据类型的转换。

任务描述——银行存款本息合计的计算

已知某银行年利率为3.25%，存款总额为2万元，求一年后的本息合计并输出。

相关知识

C语言程序中使用的各种变量都应预先加以定义，即先定义，后使用。要计算本息合计，需要先描述数据并在计算机中存储，然后根据要求进行计算和输出。

一、标识符、关键字

任何程序设计语言都规定了自己的一套基本符号和关键字，C语言也不例外。

（一）标识符

标识符是用来标识变量名、函数名、数组名、数据类型名等的有效字符序列。标识符的构成规则如下：

（1）标识符只能由英文字母（A～Z、a～z）、数字（0～9）和下画线（_）三类符号组成，但第一个字符必须是字母或下划线。不能包含空格、标点符号、运算符等其他符号。

（2）C语言严格区分大小写。

（3）标识符的使用尽可能遵循"见名知义"的原则。不能与关键字的名称相同。

【例2-1】标识符举例。

num1、_aver、a5是合法的C语言标识符。

num-1、-aver、5a是不合法的C语言标识符。

（二）关键字

关键字又称保留字，是C语言编译系统所固有的、具有专门意义的标识符。这些特定的关键字不允许用户作为自定义的标识符使用。C语言的关键字见表2-1。

表2-1　关键字

描述类型定义	描述存储类型	描述数据类型	描述语句
typedef	auto	char	break
void	extern	double	continue
	static	float	switch
	register	int	case
		long	default
		short	if
		struct	else
		union	do
		unsigned	for
		const	while
		enum	goto
		signed	sizeof
		volatile	return

说明：

（1）所有关键字的字母均采用小写。

（2）关键字不能再作为用户定义的常量、变量、函数和类型等的名字。

课堂实践

以下选项中不合法的用户标识符有哪些？

abc.c　file　Main　PRINTF　_123　printf　A$　Dim

二、数据类型、常量和变量

（一）数据类型

在本息合计计算时，存款总额为整数，年利率为浮点数。这些不同类型的数据在计算机中所占据的存储空间是不同的。

C语言包括基本类型、构造类型、指针类型和空类型等多种数据类型，还提供了构造更加复杂的用户自定义数据结构的机制。

C语言提供的数据类型如图2-1所示。

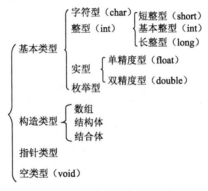

图 2-1　C 语言提供的数据类型

基本类型的值不可以再分解为其他类型。

构造类型是根据已定义的一个或多个数据类型，用构造的方法来定义。也就是说，一个构造类型的值可以分解成若干个"成员"或"元素"。每个"成员"都是一个基本类型或是一个构造类型。

指针类型是一种特殊的、同时又具有重要作用的数据类型。其值用来表示某个变量在内存储器中的地址。虽然指针变量的取值类似于整型量，但这是两个类型完全不同的量，因此不能混为一谈。

空类型是类型声明符为void的数据类型。在调用函数时，通常应向调用者返回一个函数值，这个返回的函数值是具有一定数据类型的，应在函数定义及函数声明中予以说明。但也有一类函数，调用后并不需要向调用者返回函数值，这种函数可以定义为"空类型"。

（二）常量与变量

对于基本数据类型，按其值是否可以改变又分为常量和变量两种。在程序执行过程中，其值不能改变的量称为常量，其值可以改变的量称为变量。在程序中，常量可以不经说明而直接引用，而变量则必须先定义、后使用。

1. 常量

常量可分为不同类型，如12、0、–7为整型常量，3.14、–2.8为实型常量，'a'、'b'、'c'则为字符常量。一般从其字面形式即可判别的常量称为直接常量。

有时为了使程序更加清晰和便于修改，用一个标识符来代表常量，即给某个有意义的名称，这种常量称为符号常量。

符号常量在使用之前必须先定义，其一般形式为：

```
#define 标识符  常量
```

其中，#define是一条预处理命令（预处理命令都以"#"开头），其功能是把该标识符定义为其后的常量值。一经定义，以后在程序中所有出现此标识符的地方均代之以该常量值。

【例2-2】已知圆的半径，计算圆的面积。程序代码如下：

```
#include<stdio.h>
#define  PI   3.14
void main()
{
    double area,r;
    r=10;
    area=r*r*PI;
    printf("area=%f\n",area);
}
```

运行结果：

```
area=314.000000
```

说明：

（1）程序中用#define命令行定义了符号常量PI，其值为圆周率3.14，此后凡在程序中出现的PI都代表圆周率3.14，可以与常量一样进行运算。

（2）符号常量也是常量，它的值在其作用域内不能改变，也不能再被赋值。例如，下面试图给符号常量PI赋值的语句是错误的：

```
PI=20;                   //错误
```

（3）为了区别程序中的符号常量名与变量名，习惯上用大写字母命名符号常量，而用小写字母命名变量。

2. 变量

变量必须有一个名称，且在内存中占据一定的存储单元，该存储单元中存放变量的值。变量名和变量值是两个不同的概念，变量名在程序运行过程中不会改变，而变量值则可以发生变化。

变量名是一种标识符，它必须遵守标识符的命名规则。

在程序中，常量是可以不经说明而直接引用的，而变量则必须做强制定义，即"先定义，后使用"。这样做的目的有以下几点。

（1）凡未被事先定义的，不作为变量名。这样可以保证程序中正确使用变量名。

（2）一个变量被指定为某一确定的数据类型，在编译时就能为其分配相应的存储单元。

（3）一个变量被指定为某一确定的数据类型，在编译时据此检查所进行的运算是否合法。例如，整型变量可以进行求余运算，而实型变量则不能。

思考：

说说符号常量与变量的区别。

三、整型数据

（一）整型常量

整型常量就是整常数。在C语言中，使用的整常数有八进制、十六进制和十进制3种，使用不同的前缀进行区分。除了前缀外，C语言中还使用后缀来区分不同长度的整数。

1. 八进制整常数

八进制常数必须以0开头，即以0作为八进制数的前缀。数码取值为0～7。如0123表示八进制数123，即$(123)_8$，等于十进制数83，即$1 \times 8^2 + 2 \times 8^1 + 3 \times 8^0 = 83$；-011表示八进制数-11，即$(-11)_8$，等于十进制数-9。

【例2-3】八进制整常数举例。

以下各数是合法的八进制整常数。

➢ 015（十进制数13）

➢ 0101（十进制数65）

➢ 0177777（十进制数65535）

以下各数是不合法的八进制整常数。

➢ 256（无前缀0）

➢ 0382（包含了非八进制数码8）

2. 十六进制整常数

十六进制整常数的前缀为0X或0x。其数码取值为0～9、A～F或a～f。如0x123表示十六进制数123，即$(123)_{16}$，等于十进制数291，即$1 \times 16^2 + 2 \times 16^1 + 3 \times 16^0 = 291$；-0x11表示十六进制数-11，即$(-11)_{16}$，等于十进制数-17。

【例2-4】十六进制整常数举例。

以下各数是合法的十六进制整常数。

➢ 0X2A（十进制数42）。

➢ 0XA0（十进制数160）。

➢ 0XFFFF（十进制数65535）。

以下各数是不合法的十六进制整常数。

➢ 5A（无前缀0X）。

➢ 0X3H（包含了非十六进制数码）。

3. 十进制整常数

十进制整常数没有前缀，数码取值为0～9。

【例2-5】十进制整常数举例。

以下各数是合法的十进制整常数。

➢ 237。

➢ -568。

➢ 1627。

以下各数是不合法的十进制整常数。

> 023（不能有前缀）。

> 23D（包含了非法十进制数码）。

说明：

在程序中是根据前缀区分各种进制数的。因此在表示常数时要正确使用前缀，以免造成错误。

（二）整型变量

1．整型变量的分类

整型变量可分为有符号型和无符号型两大类。每种整型类型（本书以32位字长机器为例）占用的二进制位数和取值范围见表2-2。

表 2-2　整数变量的二进制位数和取值范围

类　　型	类型声明符	占用位数	取值范围
有符号型	short（短整型）	16	$-2^{15} \sim 2^{15}-1$　即 $-32\ 768 \sim 32\ 767$
	int（整型）	32	$-2^{31} \sim 2^{31}-1$
	long（长整型）	64	$-2^{63} \sim 2^{63}-1$
无符号型	unsigned short	16	$0 \sim 2^{16}-1$
	unsigned int	32	$0 \sim 2^{32}-1$
	unsigned long	64	$0 \sim 2^{64}-1$

注意：在32位字长的机器上，整型的长度为32位，因此表示的数的范围也是有限定的。如果使用的数超过了上述范围，就必须用长整型数来表示。长整型数是用后缀"L"或"l"来表示的（注意：字母"L"的小写形式"l"与数字"1"看上去很相似，切勿混淆）。

2．整型变量的定义

变量定义的一般形式为：

```
类型声明符　变量名标识符1,变量名标识符2,…;
```

【例2-6】整型变量的定义举例。

```
int a,b,c;                  /*a、b、c为整型变量*/
long m,n;                   /*m、n为长整型变量*/
unsigned p,q;               /*p、q为无符号整型变量*/
```

说明：

变量定义时应注意以下几点：

（1）允许在一个类型声明符后定义多个相同类型的变量。各变量名之间用逗号分隔。类型声明符与变量名之间至少用一个空格分隔。

（2）最后一个变量名之后（即整个变量定义语句）必须以分号（;）结束。

（3）变量定义必须放在变量使用之前。一般放在函数体的开头部分。

（4）可在定义变量的同时给出变量的初值。其格式为：

```
类型声明符　变量名标识符1=初值1,变量名标识符2=初值2,…;
```

【例2-7】整型变量的定义与初始化。程序代码如下：

```
#include<stdio.h>
void main()
{
    int a=3,b=5;                /*定义变量a、b的同时初始化变量*/
    printf("a+b=%d\n",a+b);
}
```

运行结果：

```
a+b=8
```

思考：

以下哪些是正确的整型常量？

12.　–20　1,000　0.0　2–1

四、实型数据

（一）实型常量

实型又称浮点型。实型常量又称实数或者浮点数。在C语言中，实数只采用十进制。它有两种形式，十进制数形式和指数形式。

1. 十进制数形式

由数码0～9和小数点组成。如0.0、.25、5.789、0.13、5.0、300.、–267.8230等均为合法的实数。

2. 指数形式

由十进制数加阶码标志"e"或"E"以及阶码（只能为整数，可以带符号）组成。其一般形式为$a\mathrm{E}n$（a为十进制数，n为十进制整数），其值为$a \times 10^n$。

【例2-8】实型常量举例。

以下是合法的实型常量：

➢ 2.1E5（等于2.1×10^5）。

➢ 3.7E–2（等于3.7×10^{-2}）。

➢ –2.8E–2（等于-2.8×10^{-2}）。

以下是不合法的实型常量：

➢ 345（无小数点）。

➢ E7（阶码标志E之前无数字）。

➢ –5（无阶码标志）。

➢ 53.–E3（负号位置不对）。

➢ 2.7E（无阶码）。

注意：标准C允许浮点数使用后缀。后缀为"f"或"F"，即表示该数为浮点数。如356f和356.是等价的。

（二）实型变量

实型变量分为单精度型变量和双精度型变量两类。

1. 单精度型变量

单精度型变量的类型声明符为float，在Visual C++ 2010中，单精度型占4字节（32位）内存空间，其数值范围为–3.4E–38～3.4E+38，只能提供7位有效数字。

2. 双精度型变量

双精度型变量的类型声明符为double，在Visual C++ 2010中，双精度型占8字节（64位）内存空间，其数值范围为–1.7E–308～1.7E+308，可提供16位有效数字。

实型变量声明的格式和书写规则与整型相同。

【例2-9】 实型变量声明举例。

```
float x,y;                /*x、y为单精度实型变量*/
double a,b,c;             /*a、b、c为双精度实型变量*/
```

也可在声明变量为实型的同时，给出变量的初值。例如：

```
float   x=3.2,y=5.3;           /*x、y为单精度实型变量，且有初值*/
double  a=0.2,b=1.3,c=5.1;     /*a、b、c为双精度实型变量，且有初值*/
```

注意：实型常量不分单精度和双精度。一个实型常量可以赋给一个float或double型变量，根据变量的类型截取实型常量中的有效数字。下面的例子说明了单精度实型变量对有效位数字的限制。

【例2-10】 演示float和double的区别。程序代码如下：

```
#include<stdio.h>
void main()
{
    float a;
    double b;
    a=33333.333333;
    b=33333.333333333;
    printf("a=%f\nb=%f\n",a,b);    /*用格式化输出函数输出a和b的值*/
}
```

运行结果：

```
a=33333.332031
b=33333.333333
```

程序分析：

本例中，由于a是单精度浮点型，有效位数只有7位。而整数已占5位，故小数两位之后均为无效数字。b是双精度型，有效位为16位，但Visual C++ 2010规定小数点后最多保留6位，其余部分四舍五入。

课(堂(实(践

请指出以下正确的实型常量。

2.607E-1　0.8103e　-77.77　456e-2

五、字符型数据

字符型数据包括字符常量、字符变量和字符串常量。

（一）字符常量

字符常量是用单引号括起来的一个字符。如'a'、'b'、'A'、'='、'?'都是合法的字符常量。在C语言中，字符常量有以下特点：

（1）字符常量只能用单引号括起来，不能用双引号或其他括号。

（2）字符常量只能是单个字符，不能是字符串。

（3）字符可以是字符集中的任意字符。但数字被定义为字符型之后就不再是原来的数值了。

【例2-11】字符常量举例。

'5'和5是不同的量。'5'是字符常量，而5是整型常量。

除了以上形式的字符常量外，C语言还允许用一种特殊形式的字符常量，即转义字符。转义字符以反斜线"\"开头，后跟一个或几个字符。转义字符具有特定的含义，不同于字符原有的意义，故称为转义字符。

转义字符主要用来表示那些用一般字符不便于表示的控制代码。常用的转义字符及其含义见表2-3。

表2-3　常用转义字符及其含义

转义字符	含　义	转义字符	含　义
\n	换行	\\	反斜杠
\t	水平制表	\"	双引号
\b	退格	\ddd	1～3位八进制数所代表的字符
\r	回车	\xhh	1～2位十六进制数所代表的字符
\'	单引号		

【例2-12】编写C语言程序，在屏幕上显示灰太狼一家的姓名、年龄、手机号。

分析：

（1）姓名、年龄及手机号等信息可以通过空格来间隔，但为了保证信息输出时上下对齐，采用\t转义字符来实现信息的间隔更加方便。

（2）使用printf()函数打印信息。

程序代码如下：

```
#include<stdio.h>
void main()
{
    printf("姓名\t年龄\t手机号\n");
```

```
    printf("灰太狼\t25\t123456789\n");
    printf("红太狼\t24\t234567891\n");
    printf("小灰灰\t2\t345678912\n");
}
```

课堂实践

编写C语言程序，输出学生本人上学期考试各科的成绩。

（二）字符变量

字符变量用来存放字符常量，即单个字符。每个字符变量被分配1字节的内存空间，因此只能存放一个字符。字符变量的类型声明符为char。字符变量类型声明的格式和书写规则都与整型变量相同。

【例2-13】字符变量举例。

```
#include<stdio.h>
void main()
{
    char a,b;    /*定义a、b为整型变量*/
    a=120;
    b=121;
    printf("%c,%c\n%d,%d\n",a,b,a,b);
}
```

运行结果：

```
x,y
120,121
```

说明：

由于字符数据在内存中以ASCII码存储，所以也可以将它们看作整型量。C语言允许对整型变量赋字符值，也允许对字符变量赋整型值。在输出时，允许把字符数据按整型形式输出，也允许把整型数据按字符形式输出。

```
char a,b;
a='x',b='y';    /*给字符变量a和b分别赋值'x'和'y'，a中存放01111000(ASCII码值为120)，
b中存放01111001 (ASCII码值为121)*/
```

【例2-14】将小写字母转换成大写字母。

分析：

（1）同一个字母的小写ASCII码值减去大写ASCII码值等于32。

（2）输出字符的控制字符为%c，输出数值的控制字符为%d。

程序代码如下：

```
#include<stdio.h>
void main()
{
```

```
char a,b;                    /*定义a、b为整型变量*/
a='x';
b='y';
a=a-32;                      /*把小写字母转换成大写字母*/
b=b-32;
printf("%c,%c\n%d,%d\n",a,b,a,b);
}
```

（三）字符串常量

字符常量是由一对单引号括起来的单个字符。C语言除了允许使用字符常量外，还允许使用字符串常量。字符串常量是由一对双引号括起来的字符序列。

"CHINA"、"C program"、"$12.5"等都是合法的字符串常量。可以输出一个字符串，如：printf("Hello world!");

【例2-15】字符串常量举例。

```
char c;          /*c是字符变量*/
c='a';           /*正确，'a'是字符常量*/
c="a";           /*错误，"a"是字符串常量*/
```

说明：

C语言规定以字符'\0'作为字符串结束标记。'\0'是一个ASCII码为0的字符，也就是空操作字符，即它不引起任何控制动作，也不是一个可显示的字符。如字符串"a"在内存中的实际存放形式为：

| a | \0 |

思考：

若有定义char c='\72';，则变量c包含几个字符？

（课堂实践）

编写C语言程序，实现将大写字母转换成小写字母并输出。

六、不同类型数据的混合运算

整型、实型（包括单精度和双精度）、字符型数据间可以混合运算。例如，下面的语句是合法的：

```
10+'a'+1.51-12.5*'b';
```

在进行混合运算时，不同类型的数据要转换成同一类型。转换的方法有两种：一是自动转换；二是强制转换。

（一）类型的自动转换

自动转换发生在不同类型的数据混合运算时，由编译系统自动完成。自动转换遵循以下规则：

（1）若参与运算量的类型不同，则先转换成同一类型，然后进行运算。

（2）转换按数据长度增加的方向进行，以保证精度不降低。如int型和long型混合运算时，先将int型转换成long型后再进行运算。

（3）所有的浮点运算都是以双精度进行的，即使仅含float单精度量运算的表达式，也要先转换成double型，再作运算。

（4）char型和short型参与运算时，必须先转换成int型。

（5）在赋值运算中，赋值号两边量的数据类型不同时，赋值号右边量的类型将转换为左边量的类型。如果右边量的数据类型长度比左边长时，将丢失一部分数据，这样会降低精度，丢失的部分按四舍五入向前舍入。

类型自动转换的规则如图2-2所示。

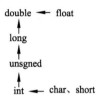

图 2-2　类型自动转换的规则

说明：

（1）横向向左的箭头表示必定发生的转换，如字符型数据先转换成整型，单精度数据先转换成双精度数据等。

（2）纵向的箭头表示当运算对象为不同的类型时转换的方向。如整型与双精度型数据进行运算，先将整型数据转换成双精度型数据，然后在两个同类型（双精度）间进行运算，结果为双精度型。

【例2-16】计算10+'a'+1.51-12.5*'b'的值。

表达式的运算次序如下：

（1）进行12.5*'b'的运算，先将'b'转换成整数98，然后执行乘法运算，运算结果为双精度型1225.000000。

（2）进行10+'a'-1.51-1225.000000的运算，先将'a'转换成整数97，接着按算术运算顺序执行运算，运算结果为双精度型-1116.490000。

上述类型转换是由系统自动进行的。

（二）类型的强制转换

强制类型转换是通过类型转换运算实现的。其一般形式为：

```
(类型声明符)(表达式)
```

功能：把表达式的运算结果强制转换成类型声明符所表示的类型。

【例2-17】类型的强制转换举例。

```
(float)a              /*a转换为实型*/
(int)(x+y)            /*x+y的和转换为整型*/
(int)x+y              /*x转换为整型，然后和y进行加法运算*/
```

注意：无论是强制转换还是自动转换，都只是为了本次运算的需要而对变量进行的临时性转换，而不改变变量本身的类型。

课堂实践

已知a=5，b=3.5，求表达式(a+b)/3的值。

七、运算符和表达式

C语言中规定了各种运算符号，它们是C语言表达式的基本元素。

（一）表达式

表达式是指由操作数和运算符组成的用于完成某种运算功能的语句。操作数通常指常量、变量或者表达式。运算符是指可以完成某种运算功能的符号。如Y=X*(Z+10)表达式中，Y、X、Z、10是操作数，=、*、+是运算符。

（二）算术运算符

算术运算符是指能够完成算术运算功能的运算符，例如使用"+"运算符完成加法运算，算术运算符见表2-4。

表2-4　算术运算符

运算符	功能	示例
+	加法运算	1+2 和为 3
-	减法运算	2-1 差为 1
*	乘法运算	2*2 积为 4
/	除法运算	5/2 商为 2　　5.0/2 商为 2.5 注意：如果参与运算的数值都是整数，"/"完成的是整除运算； 如果参与运算的数值中有一个是实数，"/"完成的是实数除运算
%	模（求余）运算	5%2 余数为 1 注意：模运算是进行除法运算后取余数，参与运算的必须是整数

C算术表达式的书写形式与数学中表达式的书写形式是有区别的，在使用时要注意以下几点：

（1）C表达式中的乘号不能省略。

（2）C表达式中只能使用系统允许的标识符。

（3）C表达式中的内容必须书写在同一行，不允许有分子分母形式，必要时要利用圆括号保证运算的顺序。

（4）C表达式不允许使用方括号和大括号，只能使用圆括号帮助限定运算顺序。

（5）可以使用多层圆括号，但左右括号必须配对，运算时从内层圆括号开始，由内向外依次计算表达式的值。

【例2-18】数学式与表达式举例。

数学式πr^2　　　　　　　/*表达式3.1415926*r*r*/

数学式$\frac{a+b}{c+d}$　　　　　/*表达式(a+b)/(c+d)*/

数学式 $3.5+\dfrac{1}{2}$　　　　　　/*表达式3.5+1/2*/

（三）赋值和复合赋值运算符

由赋值运算符"="组成的表达式称为赋值表达式。其一般形式为：

变量名=值　　　　　　　　/*值可以是常量、变量或表达式；*/

功能：将赋值运算符右边的值存放到以左边变量名为标识的存储单元中。

拓展：赋值运算符"="之前加上其他运算符，即构成复合赋值运算符。C语言规定，所有双目运算符都可以与赋值运算符一起组合成复合赋值运算符。共存在10种复合赋值运算符，即+=、-=、*=、/=、%=、<<=、>>=、&=、^=、||=。

【例2-19】求下列表达式及变量的值。

（1）a=(b=5);　　　　　　　　/*赋值表达式的值为5，a、b的值均为5*/

（2）a=(b=5)+(c=3);　　　　　/*赋值表达式的值为8，a的值为8，b的值为5，c的值为3*/

（3）若a的初值为10，计算a+=a-=a*a;

先进行"a-=a*a"的运算，相当于a=a-a*a=10-10*10=-90。

再进行"a+=-90"的运算，相当于a=a+(-90)=-90-90=-180。

说明：

赋值运算的方向是从右向左，且赋值运算符的左边只能是一个变量。例如，代码"a+b=3+2"将出现编译错误。

（四）自增、自减运算符

自增（++）、自减（--）运算符是单目运算符，即仅对一个运算对象进行运算，运算结果仍赋予该运算对象。参加运算的对象只能是变量而不能是表达式或常量，其功能是使变量值自增1和自减1，运算符的结合方向是"自右至左"。

一般形式为：

变量++　　或　　++变量
变量--　　或　　--变量

假设变量已定义，自增、自减运算符使用功能见表2-5。

表2-5　自增、自减运算符

形　　式	功　　能
i++	先取 i 的原值，然后 i 自增 1
++i	i 先自增 1，然后再取 i 的新值
i--	先取 i 的原值，然后 i 自减 1
--i	i 先自减 1，然后再取 i 的新值

【例2-20】自增、自减运算举例。假设i的初值为2。

```
j=i++;    /*先将i的值2赋给j，j的值为2，然后i的值自增1变为3*/
j=++i;    /*i的值先自增变为3，再赋给j，j的值为3*/
```

（五）逗号运算符

在C语言中，逗号运算符即","，可以用于将若干个表达式连接起来构成一个逗号表达式。其一般形式为：

> 表达式1,表达式2,…,表达式n

求解过程：自左至右，先求解表达式1，再求解表达式2，…，最后求解表达式n。表达式n的值即为整个逗号表达式的值。

【例2-21】逗号运算符举例。

> a=2*5,a*3,a+4;

先计算2*5，将10赋给a，然后计算a*3的值为30，最后计算a+4的值为10+4=14，所以整个表达式的值为14。注意变量a的值为10。

【例2-22】已知整型变量a、b的值为12、5，根据以下算式计算并输出x的值。

$$x = \frac{-b+5a^2}{2a}$$

```
#include<stdio.h>
void main()
{
    int a,b;
    float x;
    a=12;
    b=5;
    x=(float)(-b+5*a*a)/(2*a);
    printf("x=%f\n" ,x);
}
```

运行结果如图2-3所示

图2-3　例2-22运行结果

（课堂实践）

编写C语言程序，输出学生本人上学期考试各科的成绩和平均成绩。

（任务实施）

1. 任务分析

在前面的任务中我们已经学习了变量的定义、赋值和算术运算等。本任务实现本息合计计算。依次按以下步骤实现。

（1）定义存储变量。

（2）存储变量赋值。

（3）本息合计计算。

（4）输出本息合计。

2．实施过程

```
#include<stdio.h>
void main()
{
    int money;
    float rate,sum;
    money=20000;
    rate=0.0325;
    sum=money+money*0.0325;
    printf("本息合计=%f\n",sum);
}
```

运行结果如图2-4所示。

图 2-4　本息合计计算运行结果

同步训练

1．喜羊羊、红太狼参加森林歌手大赛，3个评委为他们进行打分。请编写C语言程序，分别计算他们各自的得分情况和最后的平均分（不去掉最高分和最低分）。运行结果如图2-5所示。

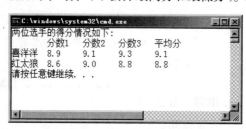

图 2-5　同步训练运行结果

提示：

（1）程序中涉及喜羊羊和红太狼各3次的得分及平均分，所以需要定义8个变量。

（2）在主函数中为6个变量赋值，并分别计算两个选手的平均分。

（3）显示两个选手的最终得分及平均分。

2．美羊羊去超市购买了一条裙子（118元），一提酸奶（66元），两斤苹果（13元）。请编写C语言程序，打印美羊羊的购物明细并计算总金额。

习　题

一、选择题

1. 以下选项中正确的整型常量是（　　）。

    A. 15.　　　　　　　B. −30　　　　　　　C. 1，000　　　　　　D. 4 5 6

2. 以下选项中正确的实型常量是（　　）。

    A. 0　　　　　　　　B. 3. 1415　　　　　　C. 0.356×102　　　　D. .873

3. 以下选项中不正确的实型常量是（　　）。

    A. 5.609E−2　　　　B. 0.467e 2　　　　　C. −77.12　　　　　D. 345e−2

4. 以下选项中不合法的用户标识符是（　　）。

    A. bcd.c　　　　　　B. file　　　　　　　C. Main　　　　　　D. PRINTF

5. 以下选项中不合法的用户标识符是（　　）。

    A. _123　　　　　　B. printf　　　　　　C. A$　　　　　　　D. Dim

6. C语言中运算对象必须是整型的运算符是（　　）。

    A. %　　　　　　　B. /　　　　　　　　C. !　　　　　　　　D. **

7. 可在C程序中用作用户标识符的一组标识符是（　　）。

A. void	B. as_b3	C. For	D. 2c
define	_123	−abc	DO
WORD	If	case	SIG

8. 若变量已正确定义并赋值，符合C语言语法的表达式是（　　）。

    A. a=a+7;　　　　　B. a=7+b+c,a++　　C. int(12.3%4)　　　D. a=a+7=c+b

9. 以下叙述中正确的是（　　）。

    A. a是实型数，C允许进行以下赋值a=10，因此可以这样说：实型变量中允许存放整型值

    B. 在赋值表达式中，赋值号左边既可以是变量也可以是任意表达式

    C. 执行表达式a=b后，在内存中a和b存储单元中的原有值都将被改变，a的值已由原值改变为b的值，b的值由原值变为0

    D. 已有a=3，b=5。当执行了表达式a=b，b=a之后，已使a中的值为5，b中的值为3

10. 以下叙述中正确的是（　　）。

    A. 在C程序中，无论是整数还是实数，只要在允许的范围内都能准确无误地表示

    B. C程序由主函数组成

    C. C程序由函数组成

    D. C程序由函数和过程组成

11. Visual C++ 2010中int类型变量所占字节数是（　　）。

    A. 1　　　　　　　B. 2　　　　　　　　C. 3　　　　　　　　D. 4

12. 下列不合法的八进制数是（　　）。

    A. 0　　　　　　　B. 028　　　　　　　C. 077　　　　　　　D. 01

13. 下列不合法的十六进制数是（　　　）。

　　A. oxff　　　　　　B. 0xabc　　　　　　C. 0x11　　　　　　D. 0x19

二、填空题

1. 若 k 为 int 整型变量且赋值 11。请写出运算 k++ 后表达式的值_____和变量的值_____。

2. 若 x 为 double 型变量，请写出运算 x=3.2, ++x 后表达式的值_____和变量的值_____。

3. 在 C 语言程序中，用关键字_____定义整型变量，用关键字_____定义单精度实型变量，用关键字_____定义双精度实型变量。

4. 把 a1、a2 定义成单精度实型变量，并赋初值 1 的定义语句是_____。

5. 表达式 $3.5-\dfrac{1}{2}$ 的计算结果是_____。

6. 对数学式 $\dfrac{ab}{c}$，写出三个等价的 C 语言表达式_____、_____、_____。

三、操作题

1. 已知：$y=\dfrac{a^2+b^2}{a+b}$，其中，$a=-10$，$b=30$。编写程序求 y 的值。

2. 为庆祝"唯一"网店开业 8 周年，店内开展全部商品七五折回馈客户让利销售。红太狼毫不犹豫地将红色礼帽（135 元）、太阳镜（346 元）、旅行杯（98 元）添加到了购物车。请你帮忙算出她的购物车结算费用应为多少？

单元 3
顺序结构程序设计

知识目标

➢了解算法的概念及意义。

➢熟悉与掌握数据输入与输出函数的使用。

➢熟悉与掌握字符输入与输出函数的使用。

能力目标

➢能按要求输入不同类型的数据。

➢能按要求输出指定格式的数据。

任务描述—— 按格式输出学生成绩

从键盘输入某学生的3科（计算机基础、C语言、Photoshop）成绩，计算其平均分，并按格式输出。具体效果如图3-1所示。

图 3-1　格式输出效果

相关知识

一个程序的执行通常离不开数据的输入和输出。顺序结构是一种最基本、最简单的程序结构。

一、算法

（一）算法的概念

做任何事情都存在一定的次序或步骤。为了解决实际问题而采取的方法和步骤统称为算法。在C语言中，能够让计算机按指定的意图去执行的方法和步骤就是我们需要了解的算法。算法按照处理数据的不同一般可分为两大类，即数值运算算法和非数值运算算法。数值运算算法主要是求解数值；而非数值运算算法主要解决的是事务管理等方面的问题。

（二）算法的特性

有穷性：一个算法应包含有限的操作步骤而不能是无限的。

确定性：算法中每一个步骤应当是确定的，而不能是含糊的、模棱两可的。例如，有零个或多个输入，有一个或多个输出等。

有效性：算法中每一个步骤应当能有效地执行，并得到确定的结果。

对于程序设计人员而言，必须要了解算法，并根据算法编写出程序。这是个良好的习惯。

（三）用流程图表示算法

对于简单问题的处理过程，可以使用熟悉的自然语言（母语）来描述，但从实际出发，需要利用计算机解决的问题，特别是复杂问题时，往往不会采用此类方法，而更多的是采用流程图来表示算法，使得算法直观形象而便于理解。如图3-2所示，给出了常用的流程图符号。

【例3-1】判定闰年的算法流程图如图3-3所示。

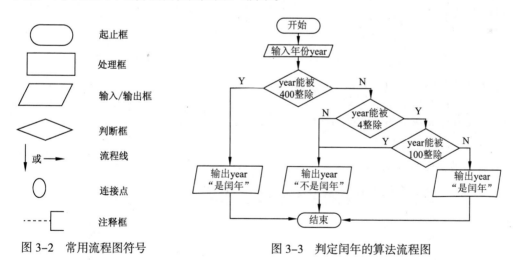

图 3-2　常用流程图符号　　　　　图 3-3　判定闰年的算法流程图

二、数据输出

在C语言中，数据的输入和输出都是通过调用输入和输出函数来实现的。只不过在调用这些输入和输出函数时，需要在程序中添加相应包含头文件的命令行，其书写形式为：

```
#include<stdio.h>
```

或

```
#include"stdio.h"
```

为了实现数据的输出，通常可以通过调用printf( )函数实现。

（一）printf( )函数的调用格式

```
printf("格式控制字符串",输出项列表)
```

作用：按照指定的格式将数据进行输出。

说明：

➤ 输出项列表：是指要输出的内容，可以是常量、变量、表达式等数据。

➤ 格式控制字符串：主要用来控制输出内容的格式，其中包括格式字符串和非格式字符串。

格式字符串是以%开头，后面跟有各种格式字符的字符串，用以说明输出数据的类型、长度及小数位数等信息。例如：

"%d"表示按十进制整型输出数据；

"%f"表示按十进制小数输出数据；

"%c"表示按字符型输出。

非格式字符串在输出时原样显示，主要起到提示和间隔数据的作用。

【例3-2】printf( )函数举例。

```
#include<stdio.h>
void main()
{
    int m=65,n=97;
    printf("%d%d\n",m,n);
    printf("%d,%d\n",m,n);
    printf("%c,%c\n",m,n);
    printf("m=%c,n=%c\n",m,n);
}
```

程序运行效果如图3-4所示。

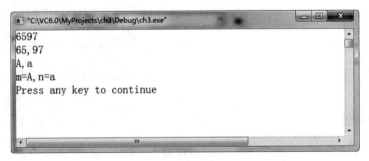

图3-4 printf( )函数运行结果

说明：

（1）如图3-4所示，本例针对变量m和n，共有4次输出。但由于使用的格式控制符不同，输出的结果也不同。

（2）第一次输出，格式字符串"%d"之间没有使用任何非格式字符串（如空格、逗号等），所以输出的m、n值之间没有任何间隔，无法区别变量m和n中存放的整数。

（3）第二次输出同第一次输出相比，就是在格式字符串"%d"之间使用了非格式字符串"，"，在输出时可以清晰区别两个整数。

（4）第三次输出，针对整型变量m和n，利用格式字符串"%c"，以字符的形式输出两个整数。

（5）第四次输出是在第三次输出的基础上，引入了非格式字符串"m="、"，"及"n="，清楚地指出变量m及n中存放的数据，即以字符的形式输出两个整数。

（二）格式字符串的一般形式

[输出最小宽度][.精度][长度]类型

其中，方括号中的项为可选项，在实际使用过程中可根据情况省略。

说明：

（1）类型：用以表示输出数据的类型，其格式符和意义如表3-1所示。

表 3-1　输出数据的格式符和意义

格式符	意　义
d	以十进制形式输出带符号整数
o	以八进制形式输出无符号整数
x, X	以十六进制形式输出无符号整数
u	以十进制形式输出无符号整数
f	以小数形式输出单、双精度实数
e, E	以指数形式输出单、双精度实数
g, G	以 %f 或 %e 中较短的输出宽度输出单、双精度实数
c	输出单个字符
s	输出字符串

（2）输出最小宽度：用十进制整数来表示输出的最少位数。若实际位数多于定义的宽度，则按实际位数输出，若实际位数少于定义的宽度则在左侧补空格或0。

（3）精度：精度格式符以小数点开头，后跟十进制整数。如果输出数字，则表示小数的位数；如果输出的是字符，则表示输出字符的个数；若实际位数大于所定义的精度数，则截去超过的部分。

（4）长度：长度格式符有h、l两种。若输出整数，则h表示按短整型输出，l表示按长整型输出。若输出小数，则h表示按单精度型输出，l表示按双精度型输出。

【例3-3】格式字符串举例。

```
#include<stdio.h>
void main()
{
```

```
    int a=20;
    float b=123.456789;
    double c=123456789.123456789;
    char d='A';
    printf("a=%d,a=%5d,a=%o,a=%x\n",a,a,a,a);
    printf("b=%f,b=%lf,b=%7.4lf,b=%e\n",b,b,b,b);
    printf("c=%lf,c=%f,c=%7.4lf\n",c,c,c);
    printf("d=%c,d=%6c\n",d,d);
}
```

程序运行结果如图3-5所示。

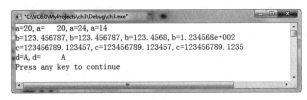

图 3-5　格式字符串运行结果

说明：

（1）本例针对变量a、b、c、d进行了多次输出。对于同一变量由于使用的格式字符串不同，输出的结果也有差异。

（2）变量a的输出。"%5d"要求输出宽度为5，而a的值为20，只有两位，所以在其左边补了3个空格，以符合宽度输出要求。格式字符串"%o""%x"表示以八进制和十六进制输出变量a的值。

（3）变量b的输出。格式字符串"%f"和"%lf"输出相同，说明对于单精度数格式字符串"l"没有产生作用。"%7.4lf"指定输出宽度为7，精度（小数位）为4，但该数的实际长度已经超过了指定宽度值（7），所以为了保证输出数据与实际数据的差异尽可能小，采用整数部分按该数的实际位数进行输出，而小数部分则进行了四舍五入，精确到小数点后4位。

（4）变量c的输出。虽然变量c是双精度数，但同变量b的输出一样，格式字符串"l"没有对数据产生影响。格式字符串"%7.4lf"的作用，可参照变量b的说明，此处不再赘述。

（5）变量d的输出。格式字符串"%6c"表明输出宽度为6，故输出时在字符A前补了5个空格。

课堂实践

参照图3-6所示的输出结果编写程序，利用print( )函数实现变量按指定格式输出。（图中空格数均为5）

图 3-6　课堂实践运行结果

三、数据输入

scanf( )函数称为格式输入函数，即按用户指定的格式从键盘上把数据输入到指定的变量中。

（一）scanf( )函数的一般形式

```
scanf("格式控制字符串",地址项列表);
```

说明：

（1）"格式控制字符串"的作用与printf( )函数相同，但为了输入的简便，应尽可能少用或不用非格式字符串。

（2）地址项表列中给出各变量的地址。地址是由地址运算符"&"后跟变量名组成的。

例如：

```
&a,&b        /*分别表示变量a和变量b的地址*/
```

与其他语言不同，在C语言中，使用了地址这个概念。变量的地址由C语言编译系统分配，至于变量的地址具体是什么，对于初学者而言不必过于关注。

若想给变量赋值，可以通过赋值表达式来实现，例如a=123，其本质就是将整数123存入变量a所对应的内存地址中，但在赋值号左边只能是变量名，而不能是变量的地址。而scanf( )函数在本质上也是给变量赋值，但要求写变量的地址，如&a。

【例3-4】 scanf( )函数举例。

```
#include<stdio.h>
void main()
{
    int a,b,c;
    printf("请输入整型变量a, b, c: ");
    scanf("%d%d%d",&a,&b,&c);
    printf("a=%d,b=%d,c=%d\n",a,b,c);
}
```

运行结果如图3-7所示。

图 3-7　scanf( ) 函数运行结果

说明：

（1）由于scanf( )函数本身不具有提示功能，所以在输入数据之前，应使用printf( )函数提示用户输入数据。

（2）scanf( )函数的控制字符串中没有使用非格式字符串作为输入的间隔，所以在输入数据时要使用空格（可以是多个空格）或者回车作为数据输入的间隔符。如图3-7所示，在输入变量a、b、c

的值时，使用了一个空格作为间隔，图3-8给出的是回车（也可以是多次回车）作为间隔的效果。

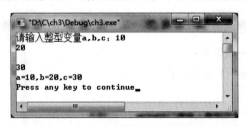

图3-8　scanf()函数控制符运行结果

（二）格式字符串

格式字符串的一般形式为：

`%[*][输入数据宽度][长度]类型`

其中，方括号中的项为任选项，在实际使用过程中可根据情况省略。各项的意义如下：

➢ "类型" 表示输入数据的类型。

➢ "*" 用以表示该输入项，读入后不赋予相应的变量，即跳过该输入值。例如：

```
scanf("%d%*d%d",&a,&b);        /*当输入为123时，把1赋予a，2被跳过，3赋予b*/
```

➢ "输入数据宽度" 用十进制整数指定输入的宽度（即字符数）。例如：

```
scanf("%5d",&a);        /*当输入为12345678时，12345赋予变量a，其余部分被截去*/
scanf("%4d%4d",&a,&b);  /*当输入为12345678时，将1234赋予a，5678赋予b*/
```

➢ "长度" 的格式符为l和h，l表示输入长整型数据（如%ld）和双精度浮点数（如%lf）。h表示输入短整型数据。

注意：

（1）scanf()函数中没有精度控制，如scanf("%5.2f", &a);是非法的。不能企图用此语句输入小数为2位的实数。

（2）scanf()函数中要求给出变量地址，如给出变量名则会出错。如scanf("%d", a);是非法的，应改为scanf("%d", &a);才是合法的。

（3）在输入多个数值数据时，若格式控制字符串中没有非格式字符作输入数据之间的间隔，则可用空格、Tab或回车作间隔。C编译在碰到空格、Tab、回车或非法数据（如对控制字符串"%d"，如果输入"123f"时，f即为非法数据）时即认为该数据输入结束。

（4）在输入字符数据时，若格式控制字符串中没有使用非格式字符，则所有输入的字符（包括回车等控制符）均视为有效字符。如图3-9所示，回车也作为了有效字符（被变量b接收）。

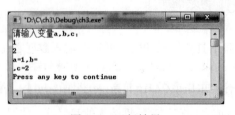

图3-9　运行结果

【例3-5】未使用非格式字符串的示例。

```
#include<stdio.h>
void main()
{
    char a,b;
    printf("请输入字符a, b: \n");
    scanf("%c%c",&a,&b);
    printf("%c%c\n",a,b);
}
```

说明：

由于scanf( )函数中的格式控制字符串"%c%c"中没有使用空格等非格式字符，所以在输入变量a、b的值时，如果输入x,y，则结果只输出了x和逗号，如图3-10所示。所以，如果想让变量a和b正确接收数据，应该输入xy（x和y之间没有其他符号），变量a与b才能正确接收数据，如图3-11所示。

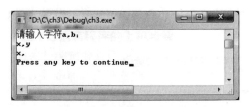

图 3-10　错误接收数据运行结果

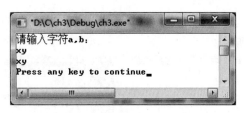

图 3-11　正确接收数据运行结果

【例3-6】使用非格式字符串的示例。

```
#include<stdio.h>
void main()
{
    char a,b;
    printf("请输入字符a, b: \n");
    scanf("%c %c",&a,&b);
    printf("\n%c%c\n",a,b);
}
```

说明：

本例scanf( )函数中的格式控制字符串"%c%c"之间有空格非格式字符，所以在输入的数据之间可以由空格（可以有多个）或回车来间隔。

（5）如果格式控制字符串中有非格式字符则输入时也要输入该非格式字符。例如：

```
scanf("%d,%d,%d",&a,&b,&c);
```

其中，用非格式字符","作间隔符，故输入时应为：

```
x,y,z
```

又如：

```
scanf("a=%d,b=%d,c=%d",&a,&b,&c);
```

则输入应为：

```
a=x,b=y,c=z
```

（6）如果输入的数据与输出的类型不一致时，虽然编译能够通过，但结果不正确。

【例3-7】输入与输出格式字符串不一致的示例。

```
#include<stdio.h>
void main()
{
    double d;
    printf("请输入一个小数：\n");
    scanf("%f",&d);
    printf("%lf\n",d);
}
```

说明：

要求输入一个双精度数，但实际输入的是单精度数，故输出的数与输入数据不符。如图3-12所示。

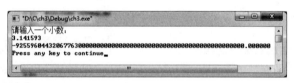

图 3-12 输入和输出不符运行结果

将程序作如下更改：

【例3-8】输入与输出格式字符串一致的示例。

```
#include<stdio.h>
void main()
{
    double d;
    printf("请输入一个小数：\n");
    scanf("%lf",&d);
    printf("%lf\n",d);
}
```

运行结果表明输入和输出相符，如图3-13所示。

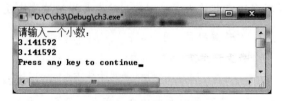

图 3-13 输入和输出相符运行结果

课堂实践

输入三个小写字母，输出其ASCII码和对应的大写字母。

四、字符输出函数

putchar( )函数是字符输出函数，其功能是在显示器上输出单个字符。其一般形式为：

```
putchar(字符变量)
```

例如：

```
putchar('A');           /*输出大写字母A*/
putchar(x);             /*输出字符变量x的值*/
putchar('\101');        /*也是输出字符A*/
putchar('\n');          /*换行*/
```

对控制字符则执行控制功能，不在屏幕上显示。

【例3-9】输出单个字符。

```c
#include<stdio.h>
void main()
{
    char a='S',b='t',c='u',d='d',e='y';
    putchar(a);
    putchar(b);
    putchar(c);
    putchar(d);
    putchar(e);
    putchar('\t');
    putchar(a);
    putchar(b);
    putchar(c);
    putchar('\n');
    putchar(d);
    putchar(e);
    putchar('\n');
}
```

运行结果表如图3-14所示。

图 3-14　输出单个字符运行结果

课堂实践

利用字符输出函数输出图3-15所示的数据。

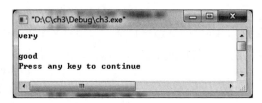

图 3-15　课堂实践运行结果

五、字符输入函数

getchar()函数的功能是从键盘上输入一个字符。其一般形式为：

```
getchar();
```

通常把输入的字符赋予一个字符变量，构成赋值语句。例如：

```
char c;
c=getchar();
```

【例3-10】输入单个字符并输出。

```
#include<stdio.h>
void main()
{
    char c;
    printf("请输入一个字符：\n");
    c=getchar();
    putchar(c);
}
```

运行结果如图3-16所示。

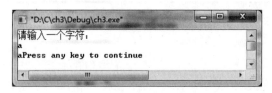

图 3-16　输入单个字符运行结果

使用getchar()函数时须注意以下问题：

getchar()函数只能接收单个字符，输入数字也按字符处理。输入多于一个字符时，只接收第一个字符。

课堂实践

从键盘输入一个小写字母，输出其对应的大写字母。

任务实施

1. 任务分析

本任务实现学生成绩的格式输出及平均成绩的计算。具体实现步骤如下所示。

（1）定义存储3科成绩的变量。

（2）根据提示利用scanf( )函数输入3科成绩并存入到对应变量中。

（3）利用输出函数printf( )按指定格式输出3科成绩及平均成绩。

2. 任务实现

```c
#include<stdio.h>
void main()
{
    int i=0;
    float basic,c,ps;
    printf("请输入第%d门课的成绩(可以为小数): ",++i);
    scanf("%f",&basic);
    printf("请输入第%d门课的成绩(可以为小数): ",++i);
    scanf("%f",&c);
    printf("请输入第%d门课的成绩(可以为小数): ",++i);
    scanf("%f",&ps);
    printf("计算机基础\tC语言\tPhotoshop\t平均成绩\n");
    printf("%.1f\t\t%.1f\t%.1f\t\t%.2f\n",basic,c,ps,(basic+c+ps)/3);
}
```

运行结果如图3-17所示。

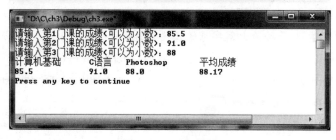

图 3-17　运行结果

同步训练

1. 从键盘输入3种商品的价格及数量，计算总金额，按图3-18所示进行输出。

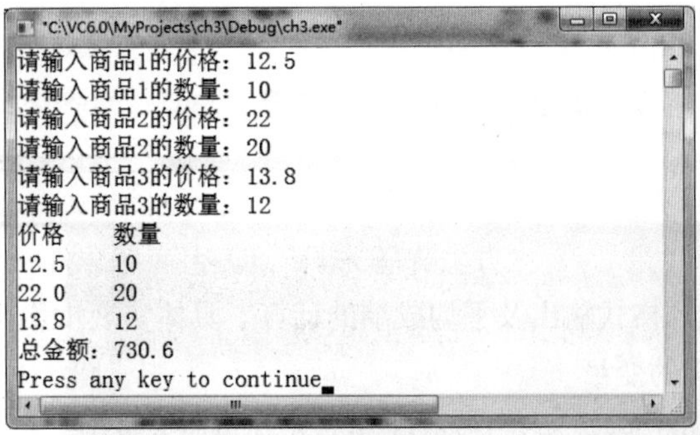

图 3-18 同步训练运行结果

提示：

（1）定义6个变量，分别存放商品的价格和数量。

（2）利用printf( )函数提示用户分别输入3种商品的价格及数量。

（3）按格式输出3种商品的价格、数量及总金额。

2. 从键盘输入矩形的长与宽，输出矩形的面积和周长。

习　题

一、选择题

1. 下面 C 代码的输出结果是（　　　）。

```
int answer,result;
answer=100;
result=answer-10;
printf("The result is %d",result+5);
```

  A.　The result is 90　　　　　　　　B.　The result is 95

  C.　The result is 10　　　　　　　　D.　The result is 100

2. 判断 char 型变量 ch 是否为大写字母的正确表达式是（　　　）。

  A.　'A'<=ch<='Z'　　　　　　　　B.　(ch>='A')&(ch<='Z')

  C.　(ch>='A')&&(ch<='Z')　　　　　D.　('A'<=ch)AND('Z'>=ch)

3. 执行以下程序段的输出结果是（　　　）。

```
#include<stdio.h>
main()
{
    int x=10,y=3;
    printf("%d\n",y=x/y);
}
```

  A. 0　　　　　　B. 1　　　　　　C. 3　　　　　　D. 不确定

4. 若变量已正确定义为 int 型，要给 a、b、c 输入数据，正确的输入语句是（　　　）。

A. read(a,b,c);
B. scanf("%d%d%d",a,b,c);
C. scanf("%D%D%D",&a,%b,%c);
D. scanf("%d%d%d",&a,&b,&c);

5. 若有正确定义语句

```
double x=5.16894;
```

语句printf("%f\n",(int)(x*1000+0.5)/(double)1000);的输出结果是（　　）。

A. 输出格式说明与输出项不匹配，输出无定值

B. 5.170000

C. 5.168000

D. 5.169000

6. 执行以下程序段的输出结果是（　　）。

```
int c1=1,c2=2,c3;
c3=c1/c2;
printf("%d\n",c3);
```

A. 0   B. 1/2   C. 0.5   D. 1

7. 执行以下程序段的输出结果是（　　）。

```
int a=0,b=0,c=0;
c=(a-=-5),(a=b,b+3);
printf("%d,%d,%d\n",a,b,c);
```

A. 3,0,-10   B. 0,0,5   C. -10,3,-10   D. 3,0,3

8. 执行以下程序的输出结果是（　　）。

```
void main()
{
    int x=30;
    int y=2;
    printf("%d",x*y+5/3);
}
```

A. 21   B. 20   C. 61.6   D. 61

9. 在 C 语言中，表示换行符的转义字符是（　　）。

A. \n   B. \f   C. 'n'   D. \dd

10. 以下程序段的输出结果是（　　）。

```
int x=3;
int y=10;
printf("%d",y%x);
```

A. 0   B. 1   C. 2   D. 3

二、填空题

1. 若有以下定义，则执行程序段的输出结果为＿＿＿＿＿＿＿。

```
int i=-200,j=350;
printf("%d,%d",i,j);
printf("i=%d\nj=%d\n",i,j);
```

2. 变量 a、b、c 已定义为 int 类型并均有初值 0，用以下语句进行输入：

```
scanf("%d",&a);
scanf("%d",&b);
scanf("%d",&c);
```

从键盘输入：34.7 后按【Enter】键，则变量 a、b、c 的值分别是_____、_____、_____。

3. 以下程序段要求通过 scanf 语句给变量赋值，然后输出变量的值。写出运行时给 k 输入 120，给 a 输入 15.82，给 x 输入 1.76432 时的 3 种可能的输入形式为_____、_____、_____。

```
int k;float a;double x;
scanf("%d%f%lf",&k,&a,&x);
printf("k=%d,a=%f,x=%f\n",k,a,x);
```

三、操作题

1. 从键盘输入两个整数存入变量 a 和 b 中，交换变量 a 与 b 的值并输出。

2. 从键盘输入一个三位数的整数，输出其倒置整数，例如，输入 123，输出 321。

3. 编写程序，输出如下菜单。

```
*******************************
*         学生信息管理系统        *
*   1. 学生信息录入             *
*   2. 学生信息修改             *
*   3. 学生信息查询             *
*   4. 学生信息删除             *
*   0. 退出系统                *
*******************************
请选择（0-4）:
```

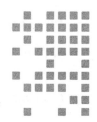

单元 4
选择结构程序设计

知识目标

➤掌握简单分支if语句的用法。

➤掌握if-else选择语句的用法。

➤理解嵌套if语句和多重if语句的区别与联系。

➤掌握switch语句的用法。

能力目标

➤能够利用选择结构的各种形式解决实际问题。

➤能够使用嵌套结构解决较复杂的实际问题。

任务描述 —— 学生成绩等级评定

编写C程序，从键盘输入一个学生的成绩（必须是在0～100间的数，可以为小数），评定其等级并输出。具体评定标准如下：

（1）90分以上，等级为A；

（2）80分以上，等级为B；

（3）70分以上，等级为C；

（4）60分以上，等级为D；

（5）60分以下，等级均为E。

相关知识

在日常生活和工作中，经常面临的问题并不仅仅是按照固定步骤和次序去处理就可以解决，往往需要根据实际情况进行分析、比较和判断，以决定采取不同的处理方式或方法。下面要讲的选择结构程序设计就是解决这一类问题的方式和方法。

一、关系运算符和关系表达式

在程序中经常需要比较两个量的大小关系，以决定程序下一步的工作。比较两个量的运算符称为关系运算符。

（一）关系运算符及其优先次序

C语言中的关系运算符及其说明如表4-1所示。

表4-1　关系运算符及其说明

运　算　符	说　　　明
<	小于
<=	小于或等于
>	大于
>=	大于或等于
==	等于
!=	不等于

关系运算符都是双目运算符，其结合性均为左结合。关系运算符的优先级低于算术运算符，高于赋值运算符。在6个关系运算符中，<、<=、>、>=的优先级相同，高于==和!=，==和!=的优先级相同。

（二）关系表达式

关系表达式的一般形式为：

表达式　关系运算符　表达式

例如：

```
a+b>c+d
x>10/3
'a'+1>b
```

这些都是合法的关系表达式。上述形式中的关系表达式也可以是关系表达式，因此允许出现嵌套的情况。关系表达式的值只能是"真"和"假"，在C语言中分别用数值"1"和"0"来表示。例如：

```
10>=5          /*值为"真"，用1来表示*/
4>6            /*值为"假"，用0来表示*/
```

【例4-1】关系表达式举例。

```
#include<stdio.h>
void main()
{
    char a='c';
    int b=1,c=2,d=3;
    float x=3.5,y=0.5;
```

```
    printf("%d,%d\n",a+5<c,d-->c);
    printf("%d,%d\n",1<b<5,c+d>x+y);
}
```

运行结果如图4-1所示。

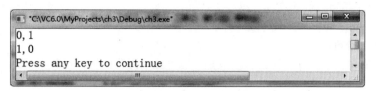

图 4-1　关系表达式运行结果

说明：

（1）字符变量a以它对应的ASCII码值参与算术运算，故a+5<c的结果为"假"，输出0；d-->c先输出d>c的结果"真"（用1表示），然后d再自减。

（2）1<b的结果为"假"，返回0，然后再计算0<5，结果为"真"，故表达式1<b<5输出1；对于表达式c+d>x+y，先分别计算c+d和x+y的值，然后在两个结果间进行比较，结果为"假"，输出0。

课堂实践

设有如下变量的声明：

```
char c='k';
int i=1,j=2,k=3;
float x=2e+3,y=0.4;
```

利用输出函数输出如下关系表达式的值。

```
'a'+5<c
i-2>=k+1
1<j<5,
x-2.5<=x+y
k==j==i+5
```

二、逻辑运算符和逻辑表达式

（一）逻辑运算符及其优先次序
C语言中提供的逻辑运算符及其说明如表4-2所示。

表 4-2　逻辑运算符及其说明

运算符	说　明
&&	与运算符
||	或运算符
!	非运算符

说明：

与运算符&&和或运算符||均为双目运算符。具有左结合性。非运算符!为单目运算符，具有右结合性。逻辑运算符和其他运算符的优先级由高到低依次为：

```
!（非）、算术运算符、关系运算符、&&、||、赋值运算符
```

注意："&&"和"||"低于关系运算符，"!"高于算术运算符。

（二）逻辑运算的值

逻辑运算的值与关系运算一样，其值也是"真"和"假"两种，用数字"1"和"0"来表示。其求值规则如下：

（1）与运算（&&）：参与运算的两个量都为真时，结果才为真，否则为假。例如：

```
5>0&&4>2              /*由于5>0为真，4>2也为真，相与的结果也为真*/
```

（2）或运算（||）：参与运算的两个量只要有一个为真，结果就为真。两个量都为假时，结果为假。例如：

```
5>0||5>8              /*由于5>0已经为真，所以无须判断或运算符右边的表达式，结果为真*/
```

（3）非运算（!）：又称取反运算。参与运算的量为真时，结果为假；参与运算的量为假时，结果为真。例如：

```
!(5>0)               /*结果为假，返回0*/
```

注意：虽然C编译在给出逻辑运算值时，以"1"代表"真"，"0"代表"假"。但在判断一个量是"真"还是"假"时，是以"0"代表"假"，以非"0"的数值代表"真"。例如，3和4均为非"0"数，因此逻辑表达式4&&3的值为"真"，即结果为1。

（三）逻辑表达式

逻辑表达式的一般形式为：

```
表达式 逻辑运算符 表达式
```

说明：其中的表达式可以是逻辑表达式，也可以是其他嵌套形式。例如：

```
(a&&b)&&c
```

根据逻辑运算符的左结合性，上式也可写为：

```
a&&b&&c
```

注意：逻辑表达式的值是表达式中各种逻辑运算之后的最终值，用"1"和"0"分别代表"真"和"假"。

【例4-2】逻辑表达式举例。

```c
#include<stdio.h>
void main()
{
    char c='a';
    int i=1,j=2,k=3;
    float x=3.5,y=0.5;
    printf("%d,%d\n",!c,!x-k);
```

```
    printf("%d,%d\n",x||i&&j-3,i<j&&x<y);
}
```

运行结果如图4-2所示。

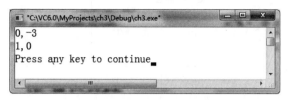

图 4-2　逻辑表达式运行结果

说明：

（1）变量c为非"0"数，!c结果为0；非运算符（!）的优先级高于算术运算符，故先进行非运算，然后再进行减法运算，表达式!x-k的结果为-3。

（2）对于表达式x||i&&j-3，应先进行算术(j-3)运算，结果为-1；然后再进行与&&运算(i&&-1)，两者都为非"0"数，结果为1；最后再进行或运算，因为已经知道参与或运算的一者为1，所以无须考虑或运算左边变量x的值，最后结果为1；对于表达式i<j&&x<y，由于同时出现了关系运算和逻辑运算，根据优先级，先进行关系运算，再进行逻辑运算，不难得到结果为0。

课堂实践

设有如下变量的定义：

```
char c='k';
int i=1,j=2,k=3;
float x=2.5,y=1.5;
```

先计算表达式的值，再编写程序输出其值。

```
c+5&&i+j-k
++i-!2||k-3
x-y>3||i+j>=k
i+j>c && x + y<kb
```

三、if 语句和用 if 语句构成的选择结构

用if语句可以构成分支结构。它根据给定的条件进行判断，以决定执行某个分支程序段。C语言的if语句有3种基本形式。

（一）if语句的3种形式

1．简单if语句

简单if语句的格式如下：

```
if(表达式)
    语句
```

说明：如果表达式的值为真，则执行其后的语句，否则不执行该语句。其流程如图4-3所示。

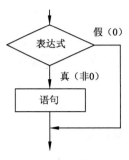

图 4-3　if 语句流程图

【例4-3】简单if语句举例。

```c
#include<stdio.h>
void main()
{
    int a,b,max;
    printf("请输入两个整数：\n");
    scanf("%d%d",&a,&b);
    max=a;
    if(max<b)
        max=b;
    printf("max=%d",max);
}
```

说明：

本例中，输入两个整数a、b，先将变量a的值赋给变量max，再使用if语句判断变量max和b的大小。如果max的值小于b，则把b的值赋给max。使得变量max中存放的是两数中的较大数，最后输出max的值，如图4-4所示。

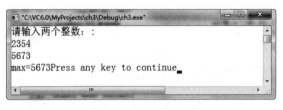

图 4-4　简单 if 语句运行结果

2. if-else选择语句

语法格式如下：

```c
if(表达式)
    语句1;
else
    语句2;
```

说明：

如果表达式的值为真，则执行语句1，否则执行语句2。其执行流程如图4-5所示。

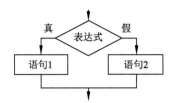

图 4-5　if-else 语句流程图

【例4-4】改写例4-3，使用if-else语句直接输出a、b中的较大数。

```
#include<stdio.h>
void main()
{
    int a,b;
    printf("请输入两个整数: \n ");
    scanf("%d%d",&a,&b);
    if(a>b)
        printf("max=%d\n",a);
    else
        printf("max=%d\n",b);
}
```

说明：

输入两个整数，输出其中的大数。使用if-else语句判断a、b值的大小，若a的值大，则输出a，否则输出b的值。

3. if-else-if多分支语句

前两种形式的if语句一般用于两个分支的情况。当有多个分支选择时，可采用if-else-if语句，其一般形式如下：

```
if(表达式1)
    语句1;
else if(表达式2)
    语句2;
else if(表达式3)
    语句3;
...
else if(表达式m)
    语句m;
else
    语句n;
```

说明：依次判断表达式的值，当出现某个值为真时，则执行其对应的语句。然后跳到整个if语句之外继续执行程序。如果所有的表达式均为假，则执行语句n。然后继续执行后续程序。if-else-if语句的执行流程如图4-6所示。

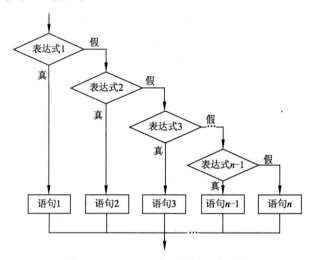

图4-6　if-else-if多分支语句流程图

【例4-5】if-else-if多分支语句举例。

```c
#include"stdio.h"
void main()
{
    char c;
    printf("请输入一个字符：");
    c=getchar();
    if(c<32)
        printf("这是一个控制符\n");
    else if(c>='0'&&c<='9')
        printf("这是一个数字字符\n");
    else if(c>='A'&&c<='Z')
        printf("这是一个大写字母\n");
    else if(c>='a'&&c<='z')
        printf("这是一个小写字母\n");
    else
        printf("这是其他字符\n");
}
```

说明：本例根据输入字符的ASCII码值判断其字符类型。

（1）ASCII码值小于32的为控制字符。

（2）在"0"和"9"之间的为数字字符。

（3）在"A"和"Z"之间的为大写字母。

（4）在"a"和"z"之间的为小写字母。

（5）不在此范围的则为其他字符。

4．使用if语句注意事项

（1）关键字if之后的表达式其类型通常为逻辑或关系表达式，但也可以是其他表达式，如赋值表达式等，甚至可以由一个常量或变量来充当。例如：

```
if(a=3) …;
if(i) …;
```

在C语言中都是允许的。只要该表达式的值为非"0"，即表示条件为"真"。

例如，在if(a=3)…;语句中，表达式a=3的值永远为非"0"，所以其后的语句总会执行。这在C语言里是合法的，但在实际情况中不一定会出现。

（2）在if语句中，充当条件的表达式必须用圆括号括起来，在语句结束时必须加分号（;）。

（3）在if语句的3种形式中，所有分支语句都应为单个语句。如果要想在满足条件时执行多条语句，则必须用"{}"将这些语句括起来组成一个复合语句。但要注意的是在"}"之后不能再加分号。例如：

```
int a=3,b=4;
if(a>b)
{
    a++;
    b++;
}
else
{
    a--;
    b--;
}
```

（二）if语句的嵌套

当if语句中的执行语句又是if语句时，则构成了if语句嵌套的情形。其一般形式可表示为：

```
if(表达式)
    if语句;
```

或者为

```
if(表达式)
    if语句;
else
    if语句;
```

说明：在嵌套内的if语句可能又是if-else的形式，这就会出现多个if和多个else的情况，此时就存在if和else配对的问题。例如：

```
if(表达式1)
if(表达式2)
    语句1;
```

```
    else
        语句2;
```

之上的形式出现了两个if，那么else究竟与哪一个if配对呢？

是理解为：

```
if(表达式1)
    if(表达式2)
        语句1;
    else
        语句2;
```

还是理解为：

```
if(表达式1)
    if(表达式2)
        语句1;
else
    语句2;
```

所以为了避免出现这种疑问，C语言规定，else总是与它之前最近的if配对，因此对上述例子应按前一种情况来理解。

【例4-6】比较两个数的大小。

```
#include<stdio.h>
void main()
{
    int a,b;
    printf("请输入两个整数a,b:");
    scanf("%d%d",&a,&b);
    if(a!=b)
        if(a>b)
            printf("a大于b\n");
        else
            printf("a小于b\n");
        else
            printf("a等于b\n");
}
```

说明：

本例中使用了if语句的嵌套结构。但此问题最好使用if-else-if多分支语句来实现，使得程序的结构更加清晰。注意，在通常情况下应尽量减少if语句的嵌套结构的使用，这便于阅读和理解程序。

【例4-7】if-else-if语句实现比较两个数的大小。

```
#include<stdio.h>
```

```
void main()
{
    int a,b;
    printf("请输入两个整数: ");
    scanf("%d%d",&a,&b);
    if(a==b)
        printf("A=B\n");
    else if(a>b)
        printf("A>B\n");
    else
        printf("A<B\n");
}
```

课堂实践

编写程序，从键盘输入3个整数，输出其中的最大数和最小数。

四、条件运算符及条件表达式

条件运算符（?:）是一个三目运算符，由其构成条件表达式，一般形式为：

表达式1?表达式2:表达式3

说明：

如果表达式1的值为真，则以表达式2的值作为整个条件表达式的返回值，否则以表达式3的值作为整个条件表达式的返回值。

条件表达式通常用于赋值语句之中。

假设有如下if-else语句：

```
if(a>b)
    max=a;
else
    max=b;
```

可用条件表达式表示为

max=a>b?a:b;

使用条件表达式时，应注意以下两点：

➤ 条件运算符的优先级低于关系运算符和算术运算符，但高于赋值运算符。

➤ 条件运算符的结合方向是自右至左。

例如：

a>b?a:c>d?c:d

应理解为：

a>b?a:(c>d?c:d)

【例4-8】条件运算符举例。

```
#include<stdio.h>
void main()
{
    int a,b,max;
    printf("请输入两个整数：");
    scanf("%d%d",&a,&b);
    printf("max=%d",a>b?a:b);
}
```

(课)(堂)(实)(践)

用条件表达式输出3个数中的最大数。

五、switch 语句

C语言还提供了另一种用于多分支选择的switch语句，其一般形式为：

```
switch(表达式)
{
    case 常量表达式1:语句1;
    case 常量表达式2:语句2;
    …
    case 常量表达式m:语句m;
    default:语句n;
}
```

说明：

（1）先计算switch之后的表达式的值。

（2）逐个与其后的常量表达式的值进行比较。当表达式的值与某个常量表达式的值相等时，则执行其后的语句，然后不再进行判断，继续执行其后的所有case分支语句。

（3）如表达式的值与所有case分支对应的常量表达式的值均不相等，则执行default所对应的语句n。

【例4-9】switch语句举例。

```
#include<stdio.h>
void main()
{
    int weekday;
    printf("请输入星期数：");
    scanf("%d",&weekday);
    switch(weekday)
    {
        case 0:printf("今天是星期天\n");
```

```
        case 1:printf("今天是星期一\n");
        case 2:printf("今天是星期二\n");
        case 3:printf("今天是星期三\n");
        case 4:printf("今天是星期四\n");
        case 5:printf("今天是星期五\n");
        case 6:printf("今天是星期六\n");
        default:printf("你输入的不是星期数\n");
    }
}
```

说明：

本例要求输入一个整数，然后输出星期几。

假设输入的数为3，那么将从case 3处开始执行之后的所有语句，如图4-7所示。

图 4-7　switch 语句运行结果

这显然与编程的设想不符。为了避免上述情况的发生，C语言提供了break语句，专用于跳出switch语句。

【例4-10】修改例4-9，使用break语句中止switch语句。

```
#include<stdio.h>
void main()
{
    int weekday;
    printf("请输入星期数: ");
    scanf("%d",&weekday);
    switch(weekday)
    {
        case 0:printf("今天是星期天\n");break;
        case 1:printf("今天是星期一\n"); break;
        case 2:printf("今天是星期二\n"); break;
        case 3:printf("今天是星期三\n"); break;
        case 4:printf("今天是星期四\n"); break;
        case 5:printf("今天是星期五\n"); break;
        case 6:printf("今天是星期六\n"); break;
        default:printf("你输入的不是星期数\n"); break;
    }
}
```

运行结果如图4-8所示。

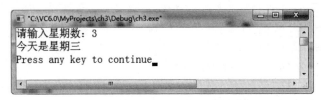

图 4-8　修改后的 switch 语句运行结果

说明：

使用switch语句的注意事项：

（1）case后的各常量表达式的值不能相同，否则会出现错误。

（2）在case后，允许有多个语句，可以不用{}括起来。

（3）各case和default子句的先后顺序可以变动，但要在该分支的最后加上break语句，否则会影响程序执行的结果。

（4）default子句可以省略。

课堂实践

从键盘输入两个整数和（四则）运算符，输出计算结果。

任务实施

1．任务分析

（1）利用printf( )函数提示从键盘输入一个数（可以为小数），存放在变量（score）中。

（2）对变量（score）的取值范围进行判断决定其等级。

（3）首先判断变量是否为0～100之间的数，若不是，则输出"不是一个有效的成绩"；若在此范围内，则进行下一步判断。

（4）确定变量在0～100之间的情况下，判断变量是否小于60，若是则输出"等级为E"，若不是，则再进行下一步判断……判断变量是否小于90，若是，则输出"等级为B"，若不是，则输出"等级为A"。

2．任务实现

根据上述任务分析，使用if-else-if多分支结构实现，程序源代码为：

```c
#include<stdio.h>
void main()
{
    double score;
    printf("请输入一个成绩数（可以为小数）: ");
    scanf("%lf",&score);
    if(score<0||score>100)
        printf("不是一个有效的成绩! \n");
    else if(score<60)
```

```
            printf("等级为E\n");
        else if(score<70)
            printf("等级为D\n");
        else if(score<80)
            printf("等级为C\n");
        else if(score<90)
            printf("等级为B\n");
        else
            printf("等级为A\n");
    }
```

同步训练

1．编写程序，输入一个年份，判断其是否为闰年。

2．输入一个年份，输出这一年每个月有多少天，需考虑该年是否为闰年。

3．从键盘接收一个字符，如果是字母，输出其对应的 ASCII 码，如果是数字，按原样输出，否则给出提示信息：输入错误。

4．输入一个字符，判断它是否是小写字母，是小写字母，则将其转换成大写字母，如果不是，则不转换，然后输出所得到字符。

5．已知银行整存整取存款不同期限的月息利率分别为：

0.315% 期限一年

0.330% 期限二年

0.345% 期限三年

0.375% 期限五年

0.420% 期限八年

要求输入存钱的本金和期限，求到期时能从银行得到的利息与本金的合计。

习　　题

一、选择题

1．下列优先级最高的运算符是（　　　）。

    A．!　　　　　　　　B．%　　　　　　　C．-=　　　　　　　D．&&

2．下列优先级最低的运算符是（　　　）。

    A．||　　　　　　　B．!=　　　　　　　C．<=　　　　　　　D．+

3．关系式 x ≥ y ≥ z 的 C 语言表达式是（　　　）。

    A．(x>=y)&&(y>=z)　　　　　　　　B．(x>=y)AND(y>=x)

    C．(x>=y>=z)　　　　　　　　　　 D．(x>=y)&(y>=z)

4．设 a、b 和 c 都是 int 型变量，且 a=3，b=4，c=5，则以下表达式中值为 0 的是（　　　）。

    A．a&&b　　　　　B．a<=b　　　　　C．a||b+c&&b-c　　D．!((a<b)&&!c||1)

5. 执行以下程序的输出结果是（　　）。

```c
#include<stdio.h>
void main()
{
    int a=2,b=-1,c=2;
    if(a<b)
        if(b<0)
            c=0;
        else
            c+=1;
        printf("%d\n",c);
}
```

    A. 0 　　　　　　　　B. 1 　　　　　　　　C. 2 　　　　　　　　D. 3

6. 执行以下程序的输出结果是（　　）。

```c
#include<stdio.h>
void main()
{
    int w=4,x=3,y=2,z=1;
    printf("%d\n",(w<x?w:z<y?z:x));
}
```

    A. 1 　　　　　　　　B. 2 　　　　　　　　C. 3 　　　　　　　　. 4

7. 执行以下程序的输出结果是（　　）。

```c
#include<stdio.h>
void main()
{
    int a,b,c=246;
    a=c/100%9;
    b=(-1)&&(-1);
    printf("%d,%d\n",a,b);
}
```

    A. 2,1 　　　　　　　B. 3,2 　　　　　　　C. 4,3 　　　　　　　D. 2,-1

8. 两次运行下面的程序，如果从键盘上分别输入6和4，则输出结果是（　　）。

```c
void main()
{
    int x;
    scanf("%d",&x);
    if(x++ >5) printf("%d",x);
    else printf("%d\n",x--);
}
```

A. 7 和 5   B. 6 和 3

C. 7 和 4   D. 6 和 4

9. 执行以下程序的输出结果是（   ）。

```c
#include<stdio.h>
void main()
{
    int x=1,y=0,a=0,b=0;
    switch(x)
    {
        case 1:
            switch(y)
            {
                case 0:a++; break;
                case 1:b++; break;
            }
        case 2:a++; b++; break;
        case 3:a++; b++;
    }
    printf("a=%d,b=%d\n",a,b);
}
```

A. a=2,b=2   B. a=2,b=1

C. a=1,b=1   D. a=1,b=0

10. 若有定义：float x=1.5；int a =1，b=3，c=2；正确的 switch 语句是（   ）。

A. switch(a+b)
```c
    {
        case 1: printf("*\n");
        case 2+1 : printf("**\n");
    }
```

B. switch(x);
```c
    {
        case 1: printf("*\n");
        case 2 : printf("**\n");
    }
```

C. switch(x);
```c
    {
        case 1.0: printf("*\n");
        case 2.0 : printf("**\n");
    }
```

D. switch(a+b)
```c
    {
        case 1: printf("*\n");
        case c: printf("**\n");
    }
```

二、填空题

1. C 语言中用_____表示逻辑值"真"，用_____表示逻辑值"假"。

2. C 语言中的关系运算符"!="的优先级_____"<="的优先级。

3. C 语言中的逻辑运算符"&&"的优先级_____"||"的优先级。

4. C 语言中的关系运算符"=="的优先级_____逻辑运算符"&&"的优先级。

5. C语言中逻辑运算符_____的优先级高于算术运算符。

6. 数学式a=b或a<c的关系表达式为_____；数学式|x|>4的逻辑表达式为_____。

7. 执行以下程序的输出结果是_____。

```c
#include<stdio.h>
void main()
{
    int a=100;
    if(a>100)
        printf("%d\n",a>100);
    else
        printf("%d\n",a<=100);
}
```

8. 若变量已正确定义，以下程序段的输出结果是_____。

```c
x=0;y=2;z=3
switch(x)
{
    case 0 : switch(y==2)
    {
        case 1: printf(" * ");  break;
        case 2: printf(" % ");  break;
    }
    case 1 : switch( z )
    {
        case 1:  printf(" $ ");
        case 2:  printf(" * ");  break;
        default:  printf(" # ");
    }
}
```

9. 以下程序段的输出结果是_____。

```c
int a=3;
a+=(a<1)?a:1;
printf("%d",a);
```

三、操作题

1. 从键盘输入1个整数，判断其是否能够被2或3整除，然后输出判断结果。

2. 从键盘输入3个整数依次存入变量a、b及c中，交换三者的值，使得a中存放最小数，c中存放最大数，并按从大到小的次序输出。

3. 从键盘输入年份及月份对应的整数，输出该月有多少天，必须考虑该年是否为闰年。

4. 从键盘输入商品的价格（单精度数）及数量，计算其金额并输出。

5. 从键盘输入圆的半径（可以为小数），输出圆的面积及周长，结果保留 2 位小数。

6. 从键盘输入 1 个整数，对 7 进行求模（余数）运算，然后根据其余数输出星期数。如余数为 0，则输出"今天是星期天"；为 1，则输出"今天是星期一"……为 6，则输出"今天是星期六"。

单元 5
循环结构程序设计

知识目标

➤掌握while循环语句的正确使用。

➤掌握for循环语句的正确使用。

➤掌握do-while循环语句的正确使用。

➤掌握循环体中的break和continue语句。

➤掌握循环的嵌套结构。

能力目标

➤会用各种不同的循环语句解决实际问题。

➤会使用嵌套循环结构解决复杂的多重循环问题。

任务描述

任务1：编写程序，判断任意一个大于1的自然数是否为素数（质数）。

程序运行结果如图5-1和图5-2所示。

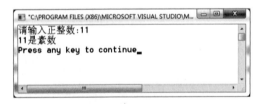
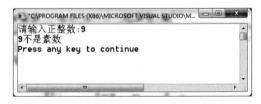

图5-1　运行结果 1　　　　　　　　　　　图5-2　运行结果 2

任务2：编写程序，输出2～60之间所有的素数。

程序运行结果如图5-3。

图 5-3　运行结果

相关知识

循环结构是结构化程序设计中另外一种基本结构，是程序设计中常用的结构之一，掌握循环结构的概念和用法是程序设计的基本要求。

如同人们日常生活中的某些动作或现象，都会周而复始，重复进行：春夏秋冬每年如此交替；工薪族每天早餐、赶车、上班、吃饭、睡觉天天如此；骑自行车也是需要不断重复相同的动作才能连续前进，类似例子，不胜枚举。在计算机程序执行过程中，也有操作或操作过程需要反复进行，在程序设计时可用循环结构描述上述过程。

本单元学习C程序的3种循环控制语句：while语句、for语句、do-while语句的结构和用法。

一、循环概述

为什么需要循环这种程序控制结构呢？

例如，要在控制台中输出一行"Hello,world!"，只需要一条函数调用语句：printf（"Hello,world!\n"）;，如果要输出100行，是不是要100条语句来完成呢？

很显然不现实，要多次完成相同的操作，必须使用循环控制语句。

所谓循环即指将指定语句或语句组（又称循环体）反复执行一定次数的过程。循环结构程序依靠循环语句来控制执行。

一般情况下，循环具有以下3个要素：

循环条件：决定循环语句重复执行的先决条件。

循环变量：又称循环控制变量，往往用来记录循环次数，一般用来构成循环条件。

循环体：需要反复执行的语句体或语句序列。

二、while 语句

（一）while循环的一般形式

```
while(循环条件)
    循环体
```

说明：

（1）while是C语言的关键字。

（2）while后一对圆括号中的表达式为循环条件表达式，由它来控制循环体是否执行，当取值为真（非零）执行一次循环体，当取值为假（零），跳过循环体。

（3）在语法上，要求循环体可以是一条简单可执行语句；若循环体内需要多个语句，应该用大括号括起来，组成复合语句。

（4）与if分支语句不同，if分支执行完后，继续执行分支的后续语句，而while循环体语句执行完以后，会返回到循环条件继续判断条件，重复以前的操作。

（二）while循环的执行过程

具体执行过程如下：

（1）计算while后一对圆括号中表达式的值。当值为真（非零）时，执行步骤（2）；当值为假（零）时，执行步骤（4）。

（2）执行循环体中的语句。

（3）转去执行步骤（1）。

（4）退出while循环。

执行过程的流程图如图5-4所示。

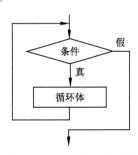

图 5-4　while 循环流程图

【例5-1】用while循环语句求1～100的累加和。

实现思路：

➢ 声明变量sum，保存求和结果，初始化为0。

➢ 声明变量i，保存要累加到求和结果中的整数。

➢ 将连续累加拆分成多次sum = sum + i操作。

➢ 每执行一次"sum = sum+i然后i自增1"操作，重复（循环）这一过程，直到最后sum = sum+100得出最终结果。

程序源代码如下：

```c
#include<stdio.h>
void main()
{
    int i,sum=0;
    i=1;                    //循环控制变量i
    while(i<=100)           //循环条件i<=100
    {                       //循环体复合语句
        sum+=i;
        i++;
```

```
    }
    printf("sum=%d\n",sum);
}
```

运行结果：

```
sum=5050
```

（三）关于循环条件的说明

循环条件一般为关系表达式或逻辑表达式，用以控制着循环的执行条件，但也可以为其他任意合法的C语言表达式，如算术表达式，甚至为一个变量。

如上面求和过程用循环代码也可写为：

```
int  i=100, sum=0;
while(i--)                   //循环条件，当i取值为零（为假）时，循环结束
    sum+=i;
printf("sum=%d\n",sum);
```

课堂实践

某超市收银台需要根据客户购买物品单价和数量自动计算金额，使用C语言程序完成多种商品的计算功能。运行效果如图5-5所示。

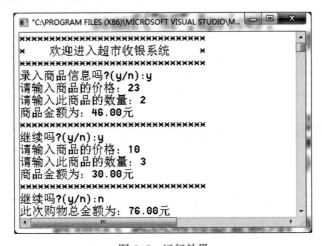

图 5-5　运行效果

实现思路：

➢ 声明变量保存每次商品的价格、数量、金额和总金额。

➢ 声明变量保存用户是否继续的字符。

➢ 循环获取价格、数量后计算金额并累计。

参考代码：

```
#include<stdio.h>
void main()
```

```
{
    float price,money;                      //保存每次商品的价格和金额
    int count;                              //保存每次商品的数量
    float sum=0;                            //保存总金额
    char choose;                            //保存用户是否继续的字符
    printf("*********************************\n");
    printf("*          欢迎进入超市收银系统          *\n");
    printf("*********************************\n");
    printf("录入商品信息吗?(y/n):");
    scanf("%c",&choose);
    while(choose!='n')                      //循环
    {
        printf("请输入商品的价格: ");
        scanf("%f",&price);                 //获取价格
        printf("请输入此商品的数量: ");
        scanf("%d",&count);                 //获取数量
        money=price*count;                  //计算本次金额
        sum=sum+money;                      //累加
        printf("商品金额为: %.2f元\n",money);
        printf("*****************************\n");
        printf("继续吗?(y/n):");
        scanf(" %c",&choose);               //获取是否继续，%c之前加空格或回车
    }
    printf("此次购物总金额为: %.2f元\n",sum);
}
```

三、for 语句和用 for 语句构成的循环结构

在3条循环语句中，for语句最为灵活、简洁，应用也最为广泛，尤其是在循环次数事先已经确定的场合。

【例5-2】用for循环语句求1~100的累加和。

```
#include<stdio.h>
void main()
{
    int i,sum=0;
    for(i=1;i<=100;i++)
        sum+=i;
    printf("sum=%d\n",sum);
}
```

运行结果：

```
sum=5050
```

（一）for循环的一般形式

```
for(表达式1;表达式2;表达式3)
    循环体
```

说明：

（1）for是C语言的关键字，其后的圆括号中通常含有3个表达式，各表达式之间用";"隔开。

（2）这3个表达式可以是任意形式的表达式。其中，第二个表达式为循环条件表达式。

（3）构成循环条件表达式的变量通常称为循环控制变量。一般情况下，第一个表达式用来对循环控制变量赋初值；第三个表达式用来改变或修正循环控制变量的值。

（4）紧跟在for之后的循环体，在语法上要求是一条语句；若在循环体内需要多条语句，应该用大括号括起来组成复合语句。

（二）for循环的执行过程

具体执行过程如下：

（1）计算"表达式1"。

（2）计算"表达式2"；若其值为非零，转步骤（3）；若其值为零，转步骤（5）。

（3）执行一次for循环体。

（4）计算"表达式3"；转向步骤（2）。

（5）结束循环，执行for循环之后的语句。

for循环的流程图如图5-6所示。

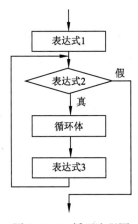

图 5-6　for循环流程图

【例5-3】求$n!$，即计算$1 \times 2 \times 3 \times \cdots \times n$的值。

实现思路：

➢ 声明变量s保存每次相乘的结果，初始化为1（为什么不能为零？）。

➢ 将相乘过程分成为多次（相乘次数保存到n）。

➢ 声明变量i，保存每次要相乘的整数，初始值为1。

➢ 每次执行 s = s*i 和 i++ 操作，重复（循环）这一过程，直到执行了n次，得出最终结果。

程序源代码如下：

```
#include<stdio.h>
void main()
{
    int i,s,n;                      /*变量s放置连乘的积*/
    s=1;                            /*注意：s的初值为1*/
    printf("Enter  n :  ");
    scanf("%d",&n);                 /*给n读入值，n表示最后一个因子的值*/
    for(i=1;i<=n;i++)               /*用n作为循环的终值*/
        s=s*i;
    printf("s=%d\n",s);
}
```

程序运行结果如图5-7所示。

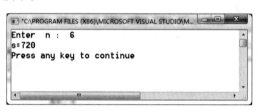

图 5-7　*n*! 的运行结果

（三）for语句的其他相关说明

具体说明如下：

（1）"表达式1""表达式2""表达式3"部分均可缺省，甚至全部缺省，但其间的分号不能省略。例如：

```
for(i=1;i<=100;i++) sum+=i;
```

可写为：

```
i=1;
for(;i<=100;)
{
    sum+=i;
    i++;
}
```

又如：

```
for( ; ; )  printf("*");
```

3个表达式均省略，但因缺少条件判断，循环将会无限制地执行，从而形成无限循环（通常称为永真循环或死循环）。

（2）当循环体语句组仅由一条语句构成时，可以不使用复合语句形式，如上例所示，否则应使用大括号括起来，组成一条复合语句。

（3）表达式1一般是给循环控制变量赋初值的赋值表达式，也可以是与此无关的其他表达式

（如逗号表达式）。例如：

```
for(sum=0;i<=100;i++)    sum+=i;
for(sum=0,i=1;i<=100;i++)    sum+=i;
```

（4）表达式2是一个逻辑量，除一般的关系（或逻辑）表达式外，也允许是数值（或字符）表达式。

（5）表达式3如果存在，则在每次循环体执行完后都要计算，一般跟修改循环控制变量有关。

课堂实践

斐波那契（Fibonacci）数列是1，1，2，3，5，8，13，……数列。即后项为前两项之和，现要求用C语言程序输出前20项，运行结果如图5-8所示。

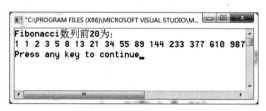

图 5-8　Fibonacci 数列运行效果

实现思路：

➤ 定义3个变量表示数列中3个连续项。

➤ 使用for循环，循环执行20次，每次输出连续3项中的第一项即可。

➤ 每输出一项，重新更新3个连续项的值：用第二项替换第一项，用第三项替换第二项。

参考代码如下：

```
#include<stdio.h>
void main()
{
    int f1=1,f2=1,f3,i;              //定义数列连续3项变量f1、f2、f3
    printf("Fibonacci数列前20为：\n");
    for(i=1;i<=20;i++)
    {
        f3=f2+f1;                   //计算出第三项
        printf("%d ",f1);           //输出第一项
        f1=f2;                      //更新第一项
        f2=f3;                      //更新第二项
    }
    printf("\n");
}
```

四、do-while 循环语句

do-while循环语句的特点是：先执行循环体语句组，然后再判断循环条件。这和其他两种循

环语句不同。

（一）do-while语句的一般格式

```
do
{
    循环体语句
} while(循环条件);
```

其中：

➤ do是C语言的关键字，必须和while联合使用。

➤ do-while循环由do开始，至while结束；必须注意的是：while(表达式)后的“;”不可少，它表示do-while语句已结束。

➤ while后一对圆括号中的表达式可以是C语言中任意合法的表达式，由它控制循环是否执行。

➤ 按语法，在do和while之间的循环体只能是一条可执行语句；若循环体内需要多个语句，应该用大括号括起来，组成复合语句。

【例5-4】用do-while循环语句求1～100的累加和。

```c
#include<stdio.h>
void main()
{
    int i=1,sum=0;
    do{
        sum += i;
        i++;
    } while(i<=100);
    printf("sum=%d\n",sum);
}
```

执行结果同前面两种方法一样。

（二）do-while循环的执行过程

具体执行过程如下：

（1）执行do后面循环体中的语句。

（2）计算while后圆括号中表达式的值。当值为非零时，转去执行步骤（1）；当值为零时，执行步骤（3）。

（3）退出do-while循环。

do-while循环流程图如图5-9所示。

do-while循环语句比较适用于处理：不论条件是否成立，先执行1次循环体语句组的情况。

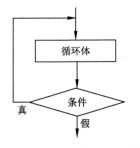

图5-9 do-while循环流程图

课堂实践

猜数游戏，由系统随机产生一个指定范围的整数（如0～50），玩家来猜，当猜低或高了都会提示出来，直到猜正确为止。运行结果如图5-10所示。

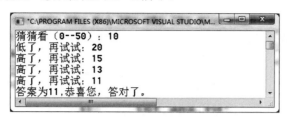

图 5-10 运行效果

实现思路：

➢ 调用函数srand(time(0))用当前系统时间设置随机数种子。

➢ 调用rand()函数产生随机数。

➢ 利用do-while循环猜测，直到猜对为止。

参考代码如下：

```c
#include<stdio.h>
#include<stdlib.h>                  //包含有随机函数的声明
#include<time.h>                    //包含有时间函数的声明
void main()
{
    int ans,rd;
    srand(time(NULL));             //用当前系统时间设置随机数种子
    rd=rand()%51;                  //产生随机数，求得除51的余数（0~50范围）
    printf("猜猜看（0--50）: ");
    do{
        scanf("%d",&ans);
        if(ans>rd)
            printf("高了，再试试: ");
        else if(ans<rd)
            printf("低了，再试试: ");
        else
        {
            printf("答案为%d,恭喜您，答对了。",rd);
            break;
        }
    }while(1);                      //循环条件为真
    printf("\n");
}
```

五、break 和 continue 语句

为使循环控制更加灵活，C语言提供了break语句和continue语句，break语句是终止循环，

continue语句只结束本轮循环，进入下轮循环。

（一）break语句

break语句的一般使用形式：

```
break;
```

说明：

（1）break语句通常用在循环语句和switch语句中。

（2）当break用于switch语句中时，可使程序跳出switch而执行switch以后的语句。break在switch中的用法已在前面介绍多路分支语句时的例子中讲解，这里不再举例。

（3）当break语句用于do-while、for、while循环语句中时，可使程序终止循环而执行循环结构的后续语句。

（4）通常break语句总是与if语句连在一起。即满足条件时便跳出循环。

break语句流程图如图5-11所示。

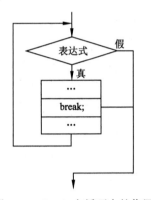

图 5-11　break 在循环中的作用

【例5-5】求1～100的累加和。

```c
#include<stdio.h>
void main()
{
    int i,s=0;
    for(i=1; ;i++)
    {
        if(i>100) break;
        s+=i;
    }
    printf("s=%d\n",s);
}
```

程序运行结果如图5-12所示。

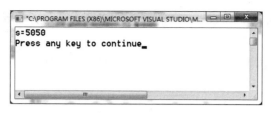

图 5-12　程序运行结果

break语句在循环中的作用为强制终止循环，为退出循环提供了另外一个出口（正常退出的出口为循环条件），可以形象地称为循环控制结构的紧急出口。

（二）continue语句

continue语句的一般形式为：

```
continue;
```

其作用是结束本次循环，即跳过本次循环体中余下尚未执行的语句，接着再一次进行循环的条件判定。

可形象地将其作用或功能描述为"循环体短路"，即循环体中余下的尚未执行的语句跳过（"短路"）。

【例5-6】求1～100的偶数和。

```
#include<stdio.h>
void main()
{
    int i,s=0;
    for(i=1;i<=100;i++)
    {
        if(i%2==1)  continue;
        s+=i;
    }
    printf("s=%d\n",s);
}
```

程序运行结果如图5-13所示。

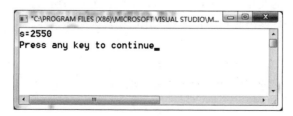

图 5-13　运行结果

注意：在while和do-while循环中，continue语句使得流程直接跳到循环控制条件的测试部分，然后决定循环是否继续进行。在for循环中，遇到continue后，跳过循环体中余下的语句，而去对

for语句中的"表达式3"求值，然后进行"表达式2"的条件测试，最后根据"表达式2"的值决定for循环是否执行。

图5-14所示为将break语句和continue语句在三种循环语句中所起作用的流程图。

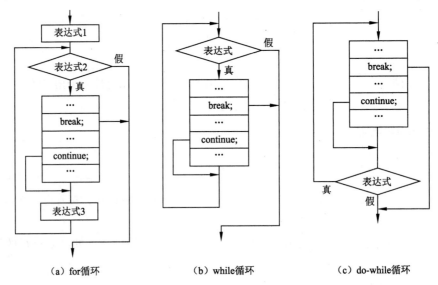

（a）for循环　　　　　　（b）while循环　　　　　（c）do-while循环

图 5-14　break 语句和 continue 语句在三种循环语句中的控制作用

课堂实践

使用双重for循环打印图5-15所示图形。

```
****
 ****
  ****
```

图 5-15　打印图形

思路分析：

➤利用双重嵌套循环实现二维规则图案的打印输出。

➤外层循环控制着行的变化，内层循环控制着空格和星号的输出。

➤内循环时确定每行空格个数和星号个数，用以构成内循环条件。

参考代码如下：

```c
#include<stdio.h>
void main()
{
    int  k,i,j;
    for(i=1;i<=3;i++)                        //外循环控制行数变化
    {
        for(k=1;k<=i-1;k++)  printf(" ");    //内循环控制空格打印个数
```

```
        for(j=1;j<=4;j++)    printf("*");        //内循环控制星号打印个数
        printf("\n");                            //每行结尾后要输出换行
    }
}
```

六、循环的嵌套

一个循环体内又包含另外一个完整的循环结构，称为循环的嵌套。

内嵌的循环中还可以嵌套循环，这就是多重循环。

（一）嵌套的形式

三种循环（while循环、do-while循环、for循环）可以相互嵌套。例如，下面几种都是合法的嵌套形式。

1. while语句和do-while语句的嵌套

```
while()
{
    ...
    do
    {
        ...
    }while();
    ...
}
```

2. do-while语句和while语句的嵌套

```
do
{
    ...
    while()
    { ... }
    ...
}while();
```

3. for语句和for语句的嵌套

```
for(;;)
{
    ...
    for(;;)
    { ... }
    ...
}
```

【例5-7】编写程序，输出标准格式的九九乘法表，如图5-16所示。

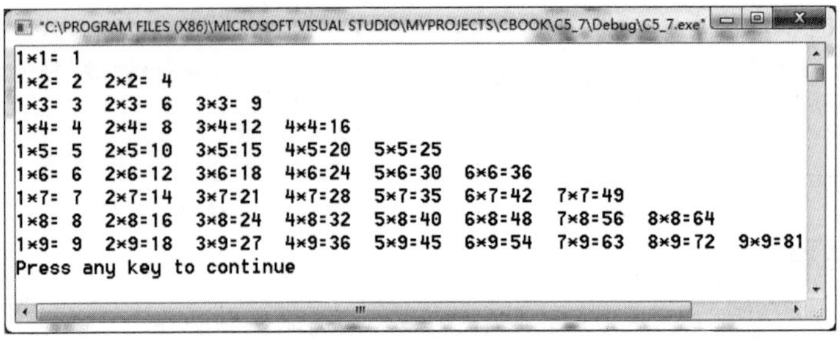

图 5-16　程序运行结果

实现思路：

➤ 九九乘法表是一个标准的行列结构，行列结构的内容一般要用嵌套的双重循环来输出。

➤ 外循环控制行的变化，内循环控制列的变化。

➤ 内循环的循环次数（当前行的列数）与当前行的行号相等。例如，若当前行是第3行，则该行的列数为3。

程序源代码如下：

```c
#include<stdio.h>
void main()
{
    int i,j;
    for(i=1;i<=9;i++)                   //外循环控制行的变化
    {
        for(j=1;j<=i;j++)              //内循环控制每列输出
        printf("%d*%d=%2d\t",j,i,i*j);
        printf("\n");                 //每行结束时换行
    }
}
```

任务实施

1. 任务分析

任务1：

根据素数的定义，素数n是一个大于1并且只能被1和自身n整除的整数，不能被$2 \sim n-1$之间的任一整数整除。所以对于一个正整数n可按如下算法认定其是否为质数：让一个变量i从2开始去除以n，如果不能整除，则使变量i增加1，再重复该操作。依此类推，到$i=n-1$（即$2 \leqslant i < n$）时，还是不能整除n，则说明n确实是一个质数。

在上述过程中，如果某一个i值能够整除n，则足以说明n不是质数，则探测过程应立即结束。

任务2：

（1）任务1只判断一个整数是否为素数，而本任务是判断某一连续范围内的整数是否为素数。

（2）自动提供某一连续范围内的整数可以用一个循环语句的循环变量提供。

（3）每循环一次提供一个指定范围内中的整数，再用任务1中的方法判断它是否为素数，直到判断完范围内的所有整数。

所以用双重嵌套循环来完成任务。

2．任务实现

任务1的程序源代码如下：

```
#include<stdio.h>
void main()
{
    int n,i;
    printf("请输入正整数:");
    scanf("%d",&n);
    for(i=2;i<n;i++)              //循环中i从2增加到n～1
        if(n%i==0)  break;        //循环体，判断如i能整除n，则终止循环
    if(i==n)                      //根据i是否等于n来判断n是否为素数
        printf("%d是素数\n",n);
    else
        printf("%d不是素数\n",n);
}
```

任务2的程序源代码如下：

```
#include<stdio.h>
void main()
{
    int n,i;
    for(n=2;n<=60;n++)            //外循环通过循环变量n列举2～60之间的整数
    {
        for(i=2;i<n;i++)          //循环中i从2增加到n-1
            if(n%i==0)  break;    //循环体，判断如i能整除n，则终止循环
        if(i==n)                  //根据i是否等于n来判断n是否为素数
            printf("%d ",n);
    }
}
```

同步训练

1．while循环的使用

某学生成绩管理系统有一成绩录入功能模块，根据输入学生的语文、数学、外语三门课程成绩，计算并显示出平均成绩，使用C语言程序完成多名学生的成绩录入功能。运行结果如图5-17所示。

2．for循环的使用

求三位整中的"水仙花数"。

三位数的"水仙花数"等于各位数的立方和，如$153=1^3+5^3+3^3$，用C语言程序，求出所有三位数的"水仙花数"。运行结果如图5-18所示。

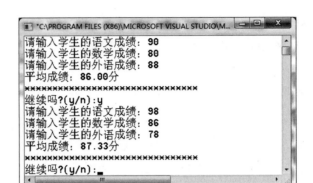

图 5-17　运行结果

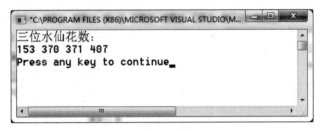

图 5-18　运行结果

3．do-while循环的使用

编写程序，实现"学生通迅录系统"的主菜单选择功能。程序运行效果如图5-19所示。

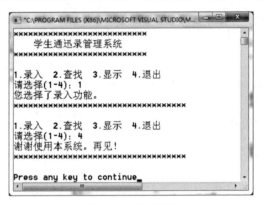

图 5-19　运行结果

4．循环嵌套

练习1：使用双重for循环打印图5-20所示图形。

图 5-20　运行结果

练习2：使用多重循环程序演示三位二进制计数。运行结果如图5-21所示。

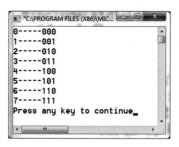

图5-21 运行结果

习 题

一、选择题

1. 以下程序段的输出结果是（   ）。

```
int k,j,s;
for(k=2;k<6;k++,k++)
{
    s=1;
    for(j=k;j<6;j++)  s+=j;
}
printf("%d\n",s);
```

    A. 9   B. 1   C. 11   D. 10

2. 以下程序段的输出结果是（   ）。

```
int i,j,m=0;
for(i=1;i<=15;i+=4)
    for(j=3;j<=19;j+=4)  m++;
printf("%d\n",m);
```

    A. 12   B. 15   C. 20   D. 25

3. 以下程序段的输出结果是（   ）。

```
int n=10;
while(n>7)
{
    n--;
    printf("%d\n",n);
}
```

    A. 10   B. 9   C. 10   D. 9
         9   8   9   8
         8   7   8   7
                                           7   6

4. 以下程序段的输出结果是（   ）。

```
int x=3;
do
{
    printf("%3d",x-=2);
}
while(!(--x));
```

    A. 1   B. 3 0   C. 1 −2   D. 死循环

5. 执行以下程序的输出结果是（   ）。

```
#include<stdio.h>
void main()
{
    int i,sum;
    for(i=1;i<6;i++) sum+=sum;
    printf("%d\n",sum);
}
```

    A. 15   B. 14   C. 不确定   D. 0

6. 执行以下程序的输出结果是（   ）。

```
#include<stdio.h>
void main()
{
    int y=10;
    for( ; y>0;y--)
        if(y%3==0)
        {
            printf("%d",--y);
            continue;
        }
}
```

    A. 741   B. 852   C. 963   D. 875421

7. 以下程序段的输出结果是（   ）。

```
int x;
for(x=3;x<6;x++)
    printf( (x%2)?("**%d"):("##%d\n"),x);
```

    A. **3   B. ##3   C. ##3   D. **3##4

       ##4   **4   **4##5   **5

       **5   ##5

8. 执行以下程序的输出结果是（　　）。

```c
#include<stdio.h>
void main()
{
    int i;
    for(i=1;i<=5;i++)
    {
        if(i%2) printf("*");
        else continue;
        printf("#");
    }
    printf("$\n");
}
```

A. *# *# *#$　　　　B. #* #* #*$　　　　C. *#*#$　　　　D. #*#*$

9. 以下叙述中正确的是（　　）。

A. do-while 语句构成的循环不能用其他语句构成的循环代替

B. do-while 语句构成的循环只能用 break 语句退出

C. 用 do-while 语句构成循环时，只有在 while 后的表达式为非零时结束循环

D. 用 do-while 语句构成循环时，只有在 while 后的表达式为零时结束循环

10. 执行以下程序的输出结果是（　　）。

```c
#include<stdio.h>
void main()
{
    int x,i;
    for(i=1;i<=100;i++)
    {
        x=i;
        if(++x%2==0)
            if(++x%3==0)
                if(++x%7==0)
                    printf("%d ",x);
    }
    printf("\n");
}
```

A. 28 70　　　　B. 42 84　　　　C. 26 68　　　　D. 39 81

二、填空题

1. 当执行以下程序段后，i 的值是_____，j 的值是_____，k 的值是_____。

```c
int a,b,c,d,i,j,k;
a=10;b=c=d=5;
```

```
i=j=k=0;
for( ;a>b;++b)
    i++;
while(a>++c)
    j++;
do k++; while(a>d++);
```

2. 以下程序段的输出结果是_____。

```
int  k,n,m;
n=10;m=1;k=1;
while(k++<=n)
    m*=2;
printf("%d\n",m);
```

3. 执行以下程序的输出结果是_____。

```
#include<stdio.h>
void main()
{
    int  x=2;
    while(x--);
    printf("%d\n",x);
}
```

4. 以下程序段的输出结果是_____。

```
int  i=0,sum=1;
do{
    sum+=i++;
}while(i<5);
printf("%d\n",sum);
```

5. 有以下程序段：

```
s=1.0;n=10;
for(k=1;k<=n;k++)
    s=s+1.0/(k*(k+1));
printf("%f\n",s);
```

在横线处填写代码，使下面程序段的功能完全与上面等同。

```
s=0.0;n=10;
_____;
k=0;
do
{
    s=s+d;
    _____;
```

```
        d=1.0/(k*(k+1));
    }while(_____);
    printf("%f\n",s);
```

6. 以下程序的功能是：从键盘上输入若干学生的成绩，统计并输出最高成绩和最低成绩，当输入负数时结束输入。请填空。

```
#include<stdio.h>
void main()
{
    float x,amax,amin;
    scanf("%f",&x);
    amax=x;amin=x;
    while(_____)
    {
        if(x>amax)  amax=x;
        if(_____)  amin=x;
        scanf("%f",&x);
    }
    printf("\namax=%f\namin=%f\n",amax,amin);
}
```

三、操作题

1. 编写程序，求 1–3+5–7+⋯–99+101 的值。

2. 编写程序，求 e 的值。e ≈ 1+1/1!+1/2!+1/3!+1/4!+⋯+1/n!

（1）用 for 循环，计算前 50 项。

（2）用 while 循环，要求直至最后一项的值小于 10^{-6}。

3. 编写程序，输出从公元 1600 年至 2000 年所有闰年的年号。每输出 5 个年号换一行。判断公元年是否为闰年的条件是：

（1）公元年数如能被 4 整除，而不能被 100 整除，则是闰年。

（2）公元年数如能被 400 整除也是闰年。

4. 编写程序，打印图 5–22 所示图形。

```
        *
       ***
      *****
     *******
      *****
       ***
        *
```

图 5-22　打印图形

单元 6
数　　组

知识目标

➤理解数组的结构。

➤掌握一维数组的定义及用法。

➤理解二维数组的定义及用法。

能力目标

➤会使用一维数组处理一组数据。

➤会使用二维数组处理多组数据。

➤会运用数组来解决与之相关的实际问题。

任务描述——查找一组数据的最小值

编写程序，要求从输入的10个整数中找出最小值，并输出该最小整数及其在序列中的位置，运行结果如图6-1所示。

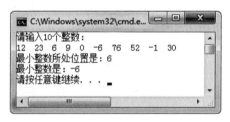

图 6-1　运行结果

相关知识

将相同类型的若干变量按照有序的形式组织起来，这些按序排列的同类数据元素的集合称为数组。数组具备以下特征：

（1）数组中存储的数据是同种类型的。

（2）数组中的数据被存储在连续的内存地址单元中，可以通过编号来标记。在C语言程序中，数组元素的编号称为"下标"。

（3）存储在数组中的数据拥有统一的名称，可以通过数组名称加下标的方式访问数组中的元素。

一、一维数组

（一）一维数组的定义方式

在C语言中，一维数组是最常用的数组，通常用于存储一组同种类型的数据。

在C语言中使用数组必须先进行定义。

一维数组的定义方式为：

```
类型说明符  数组名  [常量表达式];
```

其中：

> "类型说明符"：是任一种基本数据类型或构造数据类型。

> "数组名"：是用户定义的数组标识符。

> 方括号中的"常量表达式"：表示数据元素的个数，又称数组的长度。

例如：

```
int a[10];              //说明整型数组a，有10个元素
float b[10],c[20];      //说明实型数组b，有10个元素；实型数组c，有20个元素
```

对于数组类型说明应注意以下几点：

（1）数组的类型实际上是指数组元素的取值类型。对于同一个数组，其所有元素的数据类型都是相同的。

（2）数组名的书写规则应符合标识符的书写规定。

（3）数组名不能与其他变量名相同。

（4）方括号中常量表达式表示数组元素的个数，如a[5]表示数组a有 5个元素。但是其下标从0开始计算。因此5个元素分别为a[0]、a[1]、a[2]、a[3]、a[4]。

（5）允许在同一个类型说明中，说明多个数组和多个变量。例如：

```
int i,i_min,arr[10]
```

（6）不能在方括号中用变量来表示元素的个数，但是可以是符号常数或常量表达式。例如：

```
#define FD 5
void main()
{
    int a[3+2],b[7+FD];
    ...
}
```

是合法的。

但是下述说明方式是错误的。

```
void main()
{
    int n=5,a[n];
    ...
}
```

（7）数组名本质上是一个地址量，代表数组在内存中的首地址。

（二）一维数组元素的引用

数组元素是组成数组的基本单元。数组元素也是一种变量，其标识方法为数组名后跟一个下标。下标表示元素在数组中的顺序号。

数组元素的一般形式为：

```
数组名[下标]
```

其中，下标只能为整型常量或整型表达式。如为小数时，C编译将自动取整。

例如：

```
a[5]
a[i+j]                    /*i、j为整型变量*/
a[i++]
```

都是合法的数组元素。

数组元素通常又称下标变量。必须先定义数组，才能使用下标变量。

要注意下标表达式的取值范围：

```
0≤下标表达式≤元素个数-1
```

在C语言中，只能逐个地使用下标变量，而不能一次引用整个数组。通常情况下常用for结构来操作数组。

例如，输出有10个元素的数组必须使用循环语句逐个输出各下标变量：

```
for(i=0;i<10;i++)
    printf("%d",a[i]);
```

而不能用一个语句输出整个数组。

下面的写法是错误的：

```
printf("%d",a);
```

【例6-1】将数组元素按正序依次赋值，然后按逆序依次输出。

```
#include<stdio.h>
void main()
{
    int i,a[10];
    for(i=0;i<=9;i++)
```

```
        a[i]=i;
    for(i=9;i>=0;i--)
        printf("%d ",a[i]);
}
```

（三）一维数组的初始化

例6-1采用赋值语句对数组元素逐个赋值。除此之外，还可采用初始化赋值和动态赋值的方法。

数组初始化赋值是指在数组定义时给数组元素赋予初值。数组初始化是在编译阶段进行的，这样将减少运行时间，提高效率。

初始化赋值的一般形式为：

```
类型说明符 数组名[常量表达式]={值,…,值};
```
其中，在{}中的各数据值即为各元素的初值，各值之间用逗号间隔。例如：

```
int a[10]={0,1,2,3,4,5,6,7,8,9};
```
相当于

```
a[0]=0;a[1]=1;…;a[9]=9;
```
数组的初始化赋值可分为部分显式初始化格式和完全显式初始化格式。

1. 部分显式初始化格式

提供的初始值个数少于元素个数，这时用初始值依次填充前面的元素，余下的元素自动赋值为0。例如：

```
int a[10]={0,1,2,3,4};
```
表示只给a[0]～a[4] 5个元素赋值，而余下的5个元素自动赋值为0。

2. 全部初始化格式

提供的初始值个数同数组长度一致，这时也可以不给出数组元素的个数。例如：

```
int a[5]={1,2,3,4,5};
```
这种情况一般写为：

```
int a[]={1,2,3,4,5};
```
可以在程序执行过程中，对数组进行动态赋值。这时可用循环语句配合scanf( )函数逐个对数组元素赋值。

【例6-2】数组倒置问题。定义一个10个元素的一维数组，并从键盘输入元素值，然后将元素值从前向后倒置过来。

思路分析：

➢ 先将第一项和最后一项交换，然后第二项和倒数第二项交换。

➢ 依此类推，要注意交换的次数（最后一次交换的位置）。交换过程如图6-2所示。

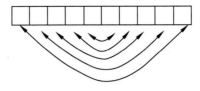

图 6-2　数组元素交换

```c
#include<stdio.h>
void main()
{
    int i, t,a[10];
    printf("输入10个整型元素: \n");
    for(i=0;i<10;i++)
        scanf("%d",&a[i]);
    for(i=0;i<10/2;i++)
    {
        t=a[i];a[i]=a[9-i];a[9-i]=t;        //对称位置元素交换
    }
    printf("倒置后输出: \n");
    for(i=0;i<10;i++)
        printf("%d ",a[i]);
    printf("\n");
}
```

运行结果如图6-3所示。

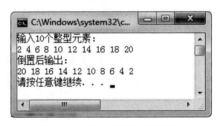

图 6-3　数组倒置运行结果

二、二维数组

在C语言中，可以把一个二维数组看成包含多组数据的数组，而每组数据又可以理解为一个一维数组，即二维数组可看成是包含多个一维数组的数组。

（一）二维数组的定义

二维数组定义的一般形式为：

<类型标识符><数组名>[<常量表达式1>][<常量表达式2>]

这里的方括号[]是下标运算符；<常量表达式1>代表第1个下标，定义数组的行数；<常量表达式2>代表第2个下标，定义数组的列数。例如：

```
int a[3][4];
```

定义了一个三行四列的数组，数组名为a，其下标变量的类型为整型。该数组的下标变量共有3×4个。

假设定义数组a[3][4]和b[4][3]，在内存中的存储示意如图6-4和图6-5所示。数组a可以看作有3个"元素"的一维数组，这三个元素分别是a[0]、a[1]、a[2]，而每个元素又是一个有4个整型元素的一维数组；数组b可以看作有4个"元素"的一维数组，每个元素又是一个有3个整型元素的一维数组。因此a和b的"元素"个数不同，每个"元素"的大小也不同。

b[0]	1	2	3
b[1]	4	5	6
b[2]	7	8	9
b[3]	10	11	12

a[0]	1	2	3	4
a[1]	5	6	7	8
a[2]	9	10	11	12

图 6-4　数组 a[3][4] 示意图　　　　图 6-5　数组 b[4][3] 示意图

既然a[0]、a[1]、a[2]是一维整型数组的数组名，那么它们就代表着一维整型数组的首地址，不是可以直接进行输入/输出操作的真实意义上的元素。

二维数组在内存中的存放形式是按行存放的，下一行紧跟在上一行的尾部，正如a、b数组中的数字所标示的顺序那样。

二维数组定义中常见的错误是把行、列用一个方括号括起来，例如：int a[3,4];是错误写法。

（二）二维数组元素的引用

和一维数组元素的引用一样，二维数组元素也是通过数组名和下标来引用的，只是这里需要两个下标，如a[2][1]，代表2行1列的元素。

例如：定义二维数组，int a[3][4];，该数组的12个元素引用依次为：

```
a[0][0],a[0][1],a[0][2],a[0][3]
a[1][0],a[1][1],a[1][2],a[1][3]
a[2][0],a[2][1],a[2][2],a[2][3]
```

在引用二维数组时，最大的行、列下标都应比定义的值少1。如对于int a[3][4];就不能出现a[0][4]、a[1][4]、a[2][4]、a[3][4]、a[3][3]、a[3][2]、a[3][1]、a[3][0]这样的元素引用。

要引用二维数组的全部元素，即要遍历二维数组，通常应使用二层嵌套的for循环：外层对行进行循环，内层对列进行循环。其格式一般为：

```
for(i=0;i<=行数-1;i++)
    for(j=0;j<=列数-1;j++)
        { …a[i][j]…}
```

【例6-3】定义一个3×4（3行4列）的二维数组，按图6-6所示，要求依次对每个元素赋值并按行输出。

思路分析：

对二维数组元素的顺序访问可用二层嵌套循环，外循环改变行，内循环依次访问列。

11	12	13	14
21	22	23	24
31	32	33	34

图 6-6　二维数组及元素赋值

```c
#include<stdio.h>
void main()
{
    int i,j,a[3][4];
    for(i=0;i<3;i++)
        for(j=0;j<4;j++)
            a[i][j]=(i+1)*10+j+1;        //元素值为行号×10加上列号
    for(i=0;i<3;i++)
    {
        for(j=0;j<4;j++)
            printf("%5d ",a[i][j]);
        printf("\n");
    }
    printf("\n");
}
```

运行结果如图6-7所示。

图6-7　运行结果

（三）二维数组的初始化

二维数组初始化是在类型说明时给各下标变量赋以初值。二维数组的初始化有以下四种形式：

（1）按行分段依次对二维数组赋初值。例如：

```c
int a[3][4]={{1,2,3,4},{5,6,7,8},{9,10,11,12}};
```

（2）将所有数据写在一个花括号内，按数组元素排列顺序按行连续赋值。例如：

```c
int a[3][4]={1,2,3,4,5,6,7,8,9,10,11,12};
```

（3）同一维数组一样，可以对部分元素显式赋初值。例如：

```c
int a[3][4]={{1,2},{3,4}};
```

它的作用只是依次对前面的两行中的前两列元素赋初值，其余元素值自动为0，故相当于：

```c
int a[3][4]={{1,2,0,0},{3,4,0,0},{0,0,0,0}};
```

如图6-8所示。

1	2	0	0
3	4	0	0
0	0	0	0

图6-8　二维数组初始化

（4）同一维数组类似，二维数组初始化时，数组的行数在说明时可以不指定，但列数仍然不能省略。此时可由提供的初始值个数推出来，例如：

```
int a[][4]={1,2,3,4,5,6,7,8};
```

由每行4列可知，数组为2行。

又如：

```
int a[][4]={{1,2,3},{4,5,6,7},{8}};
```

此时根据初始值的分段数可知，数组为3行。

【例6-4】键盘输入一个四行四列二维数组（矩阵）值，然后沿正角线转置后输出二维数组。

思路分析：

所谓矩阵转置即行列转换，只需将a[i][j]元素和a[j][i]交换即可，如图6-9所示。

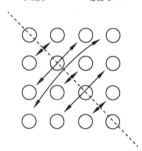

图 6-9 矩阵转置

```
#include<stdio.h>
void main()
{
    int i,j,temp,a[4][4];
    for(i=0;i<4;i++)
      for(j=0;j<4;j++)
        scanf("%d",&a[i][j]);

    /*开始交换*/
    for(i=1;i<4;i++)
      for(j=0;j<i;j++)    /*此处条件j<i表示每行元素交换到对角线之前 */
      {
          temp=a[i][j];
          a[i][j]=a[j][i];
          a[j][i]=temp;
      }

    /*开始输出*/
    for(i=0;i<4;i++)
    {
```

```
        for(j=0;j<4;j++)
            printf("%6d",a[i][j]);
        printf("\n");
    }
}
```

运行结果如图6-10所示。

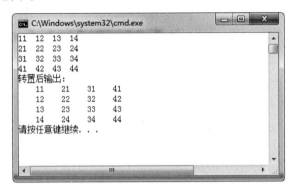

图 6-10　二维数组转置

任务实施

1．任务分析

（1）先将10个整数保存到数组。

（2）首先假定第一个整数值为最小值，并记住其位置，依次将其后位置数值与之比较。

（3）如果发现后面有一位置的整数比预先假定的最小值更小，则重新指定最小值位置，并以此位置的值为参考，继续向后重复这一过程。

（4）一直重复完毕后，最后的参考位置就是最小值的位置，该位置的整数即为最小值。

2．任务实现

根据前面对任务的分析，结合C语言一维数组的相关使用方法，任务的源代码如下：

```
#include<stdio.h>
void main()
{
    int i,tag,arr[10];
    printf("请输入10个整数：\n");
    for(i=0;i<10;i++)
    {
        scanf("%d",&arr[i]);        //利用循环顺序向数组元素输入数据
    }
    tag=0;                          //tag标记最小值的位置下标，假定第1个最小
    for(i=tag+1;i<10;i++)
        if(arr[i]<arr[tag])         //比较参考位置tag和其后位置i上的值
            tag=i;                  //如果i位置元素小，重新修改tag
```

```
    printf("最小整数所处位置是：%d\n",tag+1);
    printf("最小整数是：%d\n",arr[tag]);
}
```

同步训练

1．一维数组的定义及元素引用

（1）指导部分

需求说明：

表6-1内容为某兴趣小组5名同学在一次测试中的成绩：

表6-1　某兴趣小组5名同学的成绩

序　号	成　　绩
1	78
2	80
3	95
4	55
5	85

编写C语言程序，使用数组保存并显示小组同学的测试成绩。同时将第四名同学的成绩改为60分后再显示修改后的小组测试成绩。运行结果如图6-11所示。

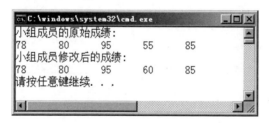

图6-11　运行结果

实现思路：

➢ 声明数组并初始化元素值。

➢ 循环显示各数组元素。

➢ 修改数组中第四名同学的成绩。

➢ 再次循环显示修改后各数组元素。

参考代码：

```
#include<stdio.h>
void main()
{
    int i,scores[]={78,80,95,55,85};              //用成绩初始化数组
    printf("小组成员的原始成绩：\n");
```

```
for(i=0;i<5;i++)
{
    printf("%d\t",scores[i]);
}
printf("\n");
scores[3]=60;                          //修改第四名同学的成绩
printf("小组成员修改后的成绩：\n");
for(i=0;i<5;i++)
{
    printf("%d\t",scores[i]);
}
printf("\n");
}
```

（2）练习部分

需求说明：

将"指导部分"原始成绩改用键盘录入的方式输入保存，显示原始成绩后，再统一上调10分，但不能超过100分。运行结果如图6-12所示。

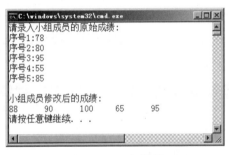

图6-12　运行结果

2．一维数组元素排序

（1）指导部分

需求说明：

将数组的10个整型元素中找到最小的元素放到第一个位置，第二小的元素放到第二个位置，第三小的元素放到第三个位置。然后输出前三个元素。运行结果如图6-13所示。

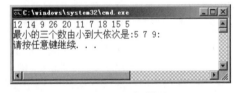

图6-13　运行结果

实现思路：

用任务中查找最小值的方法依次做如下操作：

➤ 从开始位向后查找到最小值，然后跟第一元素交换；

➤ 从第二位置继续找到第二小值，然后跟第二元素交换；

➤ 从第二位置继续找到第三小值，然后跟第三元素交换。

最后显示前三个元素。

参考代码：

```
#include<stdio.h>
void main()
{
    int i,tag,tmp;
    int arr[10]={12,14,9,26,20,11,7,18,15,5};
    for(i=0; i<10; i++)
    printf("%d ",arr[i]);
    printf("\n");

    tag=0;                                      //找最小值，从第一个位置开始
    for(i=tag+1;i<10;i++)
        if(arr[i]<arr[tag])
            tag=i;
    tmp=arr[0];arr[0]=arr[tag];arr[tag]=tmp;    //最小元素位置与第一个位置交换

    tag=1;                                      //从第二个位置开始找第二小元素
    for(i=tag+1;i<10;i++)
        if(arr[i]<arr[tag])
            tag=i;
    tmp=arr[1];arr[1]=arr[tag];arr[tag]=tmp;    //找到后与第二个元素交换

    tag=2;                                      //从第三个位置开始找第三小元素
    for(i=tag+1;i<10;i++)
        if(arr[i]<arr[tag])
            tag=i;
    tmp=arr[2];arr[2]=arr[tag];arr[tag]=tmp;     //找到后与第三个元素交换
    printf("前三个最小值由小到大：%d %d %d\n",arr[0],arr[1],arr[2]);
}
```

（2）练习部分

需求说明：

在"指导部分"的基础上，如图6-14所示，将数组所有元素由小到大排序。

图6-14 运行结果

提示：只需将"指导部分"的参考代码中三个查找最小值过程改成嵌套循环即可。

3. 二维数组元素初始化及引用

（1）指导部分

需求说明：

有一兴趣小组，共5名同学，表6-2是某次考试中的三门功课的成绩情况：

表6-2　5名同学某次考试三门功课的成绩

姓名	陈实	裘进	黄徨	甄诚	郝剑
第1门功课	90	85	80	85	75
第2门功课	85	87	65	90	70
第3门功课	92	82	55	84	78

编写C语言程序，使用数组保存并显示各科成绩一览表和各科平均成绩。运行结果如图6-15所示。

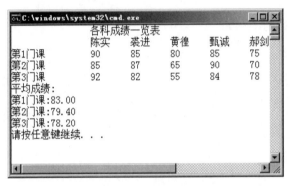

图6-15　运行结果

思路说明：

➤ 定义二维数组保存三门课程的全体成员成绩。

➤ 定义一维数组保存三门课程的平均成绩。

➤ 输出表头。

➤ 通过二层嵌套循环输出每门课程的每名同学的成绩，同时计算每门课程的平均分。

➤ 最后输出每门课程的平均分。

参考代码：

```c
#include<stdio.h>
void main()
{
    int i,j,scores[][5]={              //二维数组保存成绩
        {90,85,80,85,75},
        {85,87,65,90,70},
        {92,82,55,84,78}
    };
```

```
    float avg[3];                              //一维数组保存三科平均成绩
    printf("各科成绩一览表：\n");
    printf("\t陈实\t裴进\t黄偉\t甄诚\t郝剑\n");    //输出表头
    for(i=0;i<3;i++)
    {
        avg[i]=0;                              //对每科平均成绩初始化
        printf("第%d门\t",i+1);                 //输出课程顺序
        for(j=0;j<5;j++)
        {
            printf("%d\t",scores[i][j]);       //输出成绩
            avg[i]+=scores[i][j];              //求每科成绩总和
        }
        avg[i]/=5;                             //求平均分
        printf("\n");                          //每科换行
    }
    printf("平均成绩：\n");
    for(i=0;i<3;i++)                           //输出三门课程的平均分
    {
        printf("第%d门:%.2f\n",i+1,avg[i]);
    }
}
```

（2）练习部分

需求说明：

参照"指导部分"，计算并输出三门课程的各科最低成绩。运行结果如图6-16所示。

图6-16　运行结果

习　题

一、选择题

1. 在 C 语言中，引用数组元素时，其数组下标应为（　　）。

    A. 整型常量　　　　　　　　　　B. 整型表达式

    C. 整型常量或整型表达式　　　　D. 任何类型的表达式

2. 以下对一维整型数组 a 的正确说明是（　　）。

A. int a(10);   B. int n=10,a[n];

C. int n;scanf("%d",&n);int a[n];   D. int a[10];

3. 以下能对一维数组 a 进行正确初始化的语句是（   ）。

A. int a[10]=(0,0,0,0,0);   C. int a[]={0};

B. int a[10]={};   D. int a[10]=0;

4. 以下对二维数组 a 的正确说明是（   ）。

A. int a[3][];   B. float a(3,4);   C. double a[1][4];   D. float a(3)(4);

5. 若有说明：int a[3][4]; 则对数组 a 中元素的正确引用是（   ）。

A. a[2][4]   B. a[1,3]   C. a[1+1][0]   D. a(2)(1)

6. 以下能对二维数组 a 进行正确初始化的语句是（   ）。

A. int a[2][]={{1,0,1},{5,2,3}};   B. int a[][3]={{1,2,3},{4,5,6}};

C. int a[2][4]={{1,2,3},{4,5},{6}};   D. int a[][3]={{1,0,1},{},{1,1}};

7. 以下不能对二维数组 a 进行正确初始化的语句是（   ）。

A. int a[2][3]={0};   B. int a[][3]={{1,2},{0}};

C. int a[2][3]={{1,2},{3,4},{5,6}};   D. int a[][3]={1,2,3,4,5,6};

8. 若有说明：int a[3][4]={0}; 则下面正确的叙述是（   ）。

A. 只有元素 a[0][0] 可得到初值 0

B. 此说明语句不正确

C. 数组 a 中各元素都可得到初值，但其值不一定为 0

D. 数组 a 中每个元素均可得到初值 0

9. 以下叙述中错误的是（   ）。

A. 对于 double 类型数组，不可以直接用数组名对数组进行整体输入或输出

B. 数组名代表的是数组所占存储区的首地址，其值不可改变

C. 当程序执行中，数组元素的下标超出所定义的下标范围时，系统将给出"下标越界"的出错信息

D. 可以通过赋初值的方式确定数组元素的个数

10. 执行以下程序的输出结果是（   ）。

```c
void main()
{
    int aa[4][4]={{1,2,3,4},{5,6,7,8},{3,9,10,2},{4,2,9,6}};
    int i,s=0;
    for(i=0;i<4;i++)
        s+=aa[i][1];
    printf("%d\n",s);
}
```

A. 11   B. 19   C. 13   D. 20

二、填空题

1. C 语言中，一维数组的各元素必须有不同的_____，元素下标从_____开始，最大下标为_____。

2. C 语言中，定义一个一维单精度数组 a 的语句为_____。

3. 以下 C 程序的功能为以每行 4 个数据的形式输出 a 数组，请填空。

```
#include<stdio.h>
#define N 20
main()
{
    int a[N],i;
    for(i=0;i<N;i++)
        scanf("%d",_____);
    for(i=0;i<N;i++)
    {
        if(_____)
            _____;
        printf("%3d",a[i]);
    }
    printf("\n");
}
```

4. 执行以下程序的输出结果是_____。

```
void main()
{
    int x[]={1,3,5,7,2,4,6,0},i,j,k;
    for(i=0;i<3;i++)
      for(j=2;j>=i;j--)
        if(x[j+1]>x[j])
        { k=x[j];x[j]=x[j+1];x[j+1]=k;}
    for(i=0;i<3;i++)
      for(j=4;j<7-i;j++)
        if(x[j+1]>x[j])
        { k=x[j];x[j]=x[j+1];x[j+1]=k;}
    for(i=0;i<3;i++)
      for(j=4;j<7-i;j++)
        if(x[j]>x[j+1])
        { k=x[j];x[j]=x[j+1];x[j+1]=k;}
    for(i=0;i<8;i++)
      printf("%d",x[i]);
    printf("\n");
}
```

5. 有以下程序：

```
void main()
{
    int num[4][4]={{1,2,3,4},{5,6,7,8},{9,10,11,12},{13,14,15,16}};
    int i,j;
    for(i=0;i<4;i++)
    {
        for(j=0;j<=i;j++)    printf("%4c",' ');
        for(j=_____;j<4;j++)  printf("%4d",num[i][j]);
        printf("\n");
    }
}
```

若要按以下形式输出数组右上半三角：

```
1    2    3    4
     6    7    8
          11   12
               16
```

则在程序横线处应填入的是_____。

三、操作题

1. 求有 10 个整数的数组 a 中奇数的个数和平均值

2. 定义一个有 10 个元素的一位数组 count，从键盘输入 8 个整数，将其按从大到小的顺序排列，并将排列后的数组输出。

3. 定义并初始化一个 5 行 5 列的整型数组 a，计算并输出每行元素的平均值和平均值最大的行号。

单元 7
字符数组

知识目标

➤掌握字符数组的定义。

➤掌握字符数组的初始化。

➤掌握字符数组的引用。

➤掌握字符数组与字符串的关系。

➤掌握常用字符串处理函数。

能力目标

➤会运用字符数组存储字符串。

➤会运用字符数组处理字符串。

任务描述 —— 按格式输出学生信息

输入一行字符串（最多80个字符），分别统计小写字母、大写字母、数字和其他字符的个数。

相关知识

一、字符数组

（一）字符数组的定义

字符数组的定义形式如下：

```
char <数组名>[<常量表达式>]          /* 常量表达式用来指定数组的长度 */
```

例如：

```
char c[10];                        /* 定义一个长度为10的字符数组 */
```

字符数组也可以是二维或多维数组。

例如：

```
char c[5][10];
```

即为二维字符数组。

（二）字符数组的初始化

字符数组允许在定义时作初始化赋值。例如：

```
char c[6]={ 'H','e ','l','l','o' };
```

上面的数组c在内存中的实际存放情况如下：

0	1	2	3	4
H	e	l	l	o

注意：

（1）若大括号中的字符个数大于数组长度，则按语法错误处理。

（2）若大括号中的字符个数小于数组长度，则只将这些字符赋给数组中前面那些元素，其余的元素自动赋值为'\0'。

（3）若大括号中的字符个数等于数组长度，对其初始化时也可以省去长度说明。例如：

```
char c[]={ 'H','e ','l','l','o' };
```

此时，该数组的长度为5。

（三）字符数组的引用

字符数组的引用同数值型数组一样，即通过对每个数组元素的下标变量访问来引用每个数组元素。

【例7-1】将一维字符数组初始化后，输出一个字符串。程序代码如下：

```
#include<stdio.h>
void main()
{
    /*定义一维数组并初始化*/
    char c[14]={'I',' ','a','m',' ','a',' ','s','t','u','d','e','n','t'};
    int i;
    /*循环遍历数组*/
    for(i=0;i<14;i++)
    {
        printf("%c",c[i]);
    }
    printf("\n");
}
```

运行结果：

```
I am a student
```

程序说明：

本例首先定义并初始化一个字符数组，然后将字符数组中的每个元素的值按字符输出，使用的输出格式为"%c"。

【例7-2】引用二维字符数组的字符数据。程序代码如下：

```c
#include<stdio.h>
void main()
{
    int i,j;
    /*定义一个二维数组并初始化*/
    char c[][7]={{'W','i','n','d','o','w','s'},{'L','i','n','u','x'}};
    /*循环遍历二维数组*/
    for(i=0;i<2;i++)
    {
        for(j=0;j<7;j++)
            printf("%c",c[i][j]);
        printf("\n");
    }
}
```

运行结果：

```
Windows
Linux
```

程序说明：

本例使用for循环嵌套输出二维字符数组中存放的字符数据。

注意：该字符数组在初始化的时候已使用大括号嵌套进行了行数的限定，因此一维下标的长度值可以省略。

二、字符数组与字符串

C语言允许用字符串常量的方式对数组作初始化赋值。例如：

```c
char c[]={"Hello"};
```

或去掉{}写为：

```c
char c[]="Hello";
```

注意：该初始化方法会自动在字符串末尾加'\0'作为结束符。上面的数组c在内存中的实际存放情况如下：

0	1	2	3	4	5
H	e	l	l	o	\0

由于采用了'\0'标志，所以在用字符串赋初值时一般无须指定数组的长度，而由系统自行处理。

【例7-3】求指定字符串的长度。程序代码如下：

```c
#include<stdio.h>
void main()
```

```
{
    /*定义一个字符数组并初始化*/
    char c[]="This is a string.";
    int i=0;
    /*循环遍历字符数组，直到遇到'\0'，结束循环*/
    while(c[i]!='\0')
    {
        i++;
    }
    printf("The length of the string is %d\n",i);
}
```

运行结果：

```
The length of the string is 17
```

程序说明：

当i指向字符串结束标志'\0'时，while循环退出，此时的i值正好等于字符串的有效长度（不包含'\0'的长度）。

在C语言库函数中提供了一些用来处理字符串的函数，通过对这些函数的调用可以更加方便地实现对字符串的处理。调用这些函数时，要求在源文件中包含头文件string.h的引用，具体指令为#include<string.h>。

（一）字符串连接函数strcat( )

格式：strcat(字符数组1,字符数组2)

功能：把字符数组2中存放的字符串连接到字符数组1中存放的字符串的尾部。在连接之前会先删除字符数组1末尾处的结束符'\0'，然后将字符数组2中的字符串存入字符数组1的尾部。

说明：本函数返回值是字符数组1的首地址。使用时，字符数组1的空间必须足够大，以便容纳连接后的新字符串。

【例7-4】字符串连接函数的使用。

```
#include<stdio.h>
#include<string.h>
void main()
{
    char st1[30]="My name is ";
    char st2[8]="jack";
    int i;
    strcat(st1,st2);            /*把st2中的字符串连接到st1中字符串的后面*/
    for(i=0;st1[i]!='\0';i++)
    {
        printf("%c",st1[i]);
    }
    printf("\n");
}
```

运行结果：

```
My name is jack
```

程序说明：

（1）本程序利用函数strcat( )方便地实现了两个字符串的首尾相连。

（2）在初始化字符数组st1时应定义足够的长度，否则字符数组st1很有可能不能完全容纳连接后的字符串。

（二）字符串复制函数strcpy( )

格式：strcpy(字符数组1,字符数组2)

功能：将字符数组2中存放的字符串复制到字符数组1中。若字符数组1中已存储有字符串，该字符串将会被替换。

【例7-5】字符串复制函数的使用。

```
#include<stdio.h>
#include<string.h>
void main()
{
    char st1[15];
    char st2[]="C Language";
    int i;
    strcpy(st1,st2);          /*把st2中的字符串复制到st1中*/
    for(i=0;st1[i]!='\0';i++)
    {
        printf("%c",st1[i]);
    }
    printf("\n");
}
```

运行结果：

```
C Language
```

程序说明：

（1）字符数组1的长度应大于或等于字符数组2的长度，否则将无法实现字符串的复制。

（2）字符数组1必须是数组名形式，不能是字符串常量。

（3）不能用赋值语句将一个字符串常量或字符数组直接赋给另一个字符数组。

（三）字符串比较函数strcmp( )

格式：strcmp(字符数组1,字符数组2)

功能：根据 ASCII 编码顺序，依次比较字符数组1和字符数组2中存放的字符串的每个字符，直到出现不同的字符，或者到达字符串末尾处，该函数调用才会结束。

该函数的返回值说明如下：

（1）返回值<0，字符串1<字符串2；

（2）返回值>0，字符串1>字符串2；

（3）返回值=0，字符串1==字符串2。

另外，strcmp( )函数也可用于两个字符串常量或者字符数组和字符串常量之间大小的比较。

【例7-6】字符串比较函数的使用。

```
#include<stdio.h>
#include<string.h>
void main()
{
    int k;
    char st1[]="C language";
    char st2[]="C Language";
    k=strcmp(st1,st2);      /*比较st1和st2中两个字符串的大小*/
    if(k==0)
        printf("st1=st2\n");
    if(k>0)
        printf("st1>st2\n");
    if(k<0)
        printf("st1<st2\n");
}
```

运行结果：

```
st1>st2
```

程序说明：

本例利用strcmp( )函数实现了两个字符串之间大小的判定，并将结果存入变量k中。再根据变量k的值选择输出用于提示比较结果的字符串。另外要注意，字符串之间使用关系运算是不能够判定大小的，例如有如下代码：

```
#include<stdio.h>
#include<string.h>
void main()
{
    char st1[]="C Language";
    char st2[]="C Language";
    if(st1==st2)
        printf("st1等于st2");
}
```

该程序运行以后，并没有任何输出。

（四）检测字符串长度函数strlen( )

格式：`strlen(字符串)`

功能：检测字符串的实际长度，并作为函数返回值。

说明：该函数的返回值是字符串实际包括的字符个数，即字符串结束标志符'\0'不计算在字符串的长度内。

【例7-7】 字符串长度函数的使用。

```
#include<stdio.h>
#include<string.h>
void main()
{
    int k;
    char st[]="C language";
    k=strlen(st);              /*获取st中字符串的长度*/
    printf("The lenth of the string is %d\n",k);
}
```

运行结果：

```
The lenth of the string is 10
```

三、字符串的输入

可以使用scanf( )函数实现字符串的输入，但要注意，在使用scanf( )函数从键盘接收字符串时，不能输入空格或制表符，否则将会以该键作为字符串输入结束标志。

【例7-8】 从键盘上输入一个字符串并且输出。

```
#include<stdio.h>
void main()
{
    char c[20];
    printf("input a string:\n");
    scanf("%s",c);     /*输入字符串*/
    printf("%s\n",c);
}
```

运行结果1：

```
input a string:
Student↙
Student
```

运行结果2：

```
input a string:
We learn C Program↙
We
```

程序说明：

（1）"%s"为字符串格式输入/输出符。

（2）该例中定义的数组长度为20，因此在输入字符时长度应小于20，用以存放字符串结束标志'\0'。

（3）由于scanf( )函数不能接收包含有空格的字符串，所以当输入字符串"We learn C Program"结束后，程序最终只输出了第1个空格前的所有字符，即scanf( )函数只接收了字符串"We"。

【例7-9】接收包含空格的字符串。

```
#include<stdio.h>
void main()
{
    char c1[8],c2[8],c3[8],c4[8];
    printf("input string:\n");
    scanf("%s %s %s %s",c1,c2,c3,c4);      /*输入多个字符串*/
    printf("%s %s %s %s\n",c1,c2,c3,c4);
}
```

运行结果：

```
input a string:
We learn C Program✓
We learn C Program
```

程序说明：本例定义了多个字符数组来存储字符串，并限定了多个字符串在输入时的间隔符为空格，从而解决了包含有空格的字符串的输入问题。很显然，这种处理过程对于字符串的输入既显得麻烦又缺乏灵活性。

为了解决包含有空格的字符串的输入问题，C语言提供了gets()函数，其语法格式如下：

```
gets(字符数组名)
```

功能：将输入的字符串存入字符数组中，该字符串可以包含有空格。

【例7-10】用gets()函数输入字符串。

```
#include<stdio.h>
void main()
{
    char c[15];
    printf("input string:\n");
    gets(c);                          /*调用gets()函数输入字符串*/
    printf("%s\n",c);
}
```

运行结果：

```
input string:
Hello world. ✓
Hello world.
```

程序说明：gets()函数不以空格作为字符串输入结束标志。

四、字符串的输出

C语言除了可以用printf()函数输出字符串外，还提供了puts()函数用于字符串的输出。其语法格式如下：

```
puts(字符数组名或字符串)
```

【例7-11】调用puts( )函数输出字符串。

```
#include<stdio.h>
void main()
{
    char c[]="Hello World!";
    puts(c);                /* 调用puts()函数输出字符串*/
}
```

运行结果：

```
Hello World!
```

程序说明：

与printf( )函数相比，puts( )函数只能用于字符串的输出。

任务实施

1. 任务分析

首先定义一个字符数组，用于接收用户输入的字符串，然后循环遍历字符数组，统计字符个数，字符串结束时跳出循环。

2. 任务实现

输入一行字符串（最多80个字符），分别统计不同类型字符的个数。任务实现步骤如下：

（1）定义用于存储字符串的字符数组；

（2）分别定义用于存储小写字母、大写字母、数字和其他字符的个数的变量；

（3）接收用户输入的字符串，存入字数数组；

（4）循环遍历字符数组，分别统计出小写字母、大写字母、数字和其他字符的个数，存放对应的变量中；

（5）循环结束后，输出各变量的值，即小写字母、大写字母、数字和其他字符的个数。

程序代码如下：

```
#include<stdio.h>
void main()
{
    char c[81];                //定义字符数组
    int upchar=0;              //定义存储大写字母个数的变量
    int lowerchar=0;           //定义存储小写字母个数的变量
    int num=0;                 //定义数字字符个数的变量
    int other=0;               //定义存储其他字符个数的变量
    int i=0;
    printf("Please input a string:\n");
    gets(c);                   //接收用户输入的字符串
    //循环遍历字符数组，统计字符个数，遇到'\0'时，跳出循环
    while(c[i]!='\0')
    {
        if(c[i]>='a'&&c[i]<='z')
            lowerchar++;       //统计小写字母个数
```

```
        else if(c[i]>='A'&&c[i]<='Z')
            upchar++;              //统计大写字母个数
        else if(c[i]>='0'&&c[i]<='9')
            num++;                //统计数字个数
        else
            other++;              //统计其他字符个数
        i++;
    }
    //输出结果
    printf("小写字母个数：%d\n大写字母个数：%d\n数字个数：%d\n他字符个数：%d\n",
lowerchar,upchar,num,other);
}
```

运行结果如图7-1所示。

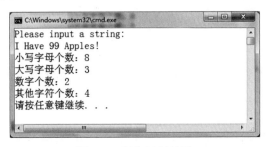

图 7-1　任务运行结果

同步训练

1. 字符数组的定义及使用

（1）指导部分

需求说明：

编写C语言程序，输入一个字符串，倒序输出这个字符串。例如：输入字符串为"C Program"，则输出结果为"margorP C"，如图7-2所示。

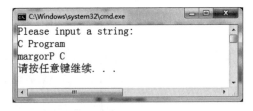

图 7-2　指导部分程序运行结果

实现思路：

➢ 定义字符数组，用于接收用户输入的字符串。

➢ 使用strlen( )函数获取字符串长度len。

➢ 循环遍历字符数组时，循环变量的值从len-1开始，即从最后一个元素开始输出其中存放的字符，当循环结束时，即可输出倒序后的字符串。

参考代码：

```
#include<stdio.h>
#include<string.h>
void main()
{
    char c[80];                //定义字符数组
    int i;
    int len;
    printf("Please input a string:\n");
    gets(c);                   //接收用户输入的字符串
    len=strlen(c);             //获取字符串长度
    //循环遍历字符数组，倒序输出字符
    for(i=len-1;i>=0;i--)
    {
        printf("%c",c[i]);
    }
    printf("\n");
}
```

（2）练习部分

练习1

需求说明：

编写C语言程序，将输入的字符串中的小写字母变成大写字母，并输出变换后的字符串，如图7-3所示。

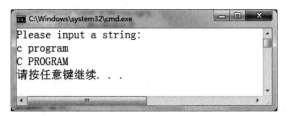

图7-3　练习1程序运行结果

提示：小写字母与大写字母的ASCII码值相差32。

练习2

需求说明：

编写C语言程序，将字符串"Hello"和"World"首尾相连，程序运行效果如图7-4所示。

图7-4　练习2程序运行结果

2．字符数组与字符串的组合运用

（1）指导部分

需求说明：

编写C语言程序，输入3个字符串（字符串长度最大不超过20），找出其中的最大的字符串，运行结果如图7-5所示。

图7-5　指导部分程序运行结果

实现思路：

➢ 定义一个3行20列的二维字符数组，每行存储1个字符串。

➢ 定义一个字符数组max，用于存储最大字符串。

➢ 调用strcmp( )函数比较3个字符串，找出最大字符串。

➢ 调用strcpy( )函数将最大字符串复制给数组max。

➢ 输出最大字符串。

参考代码：

```c
#include<stdio.h>
#include<string.h>
void main()
{
    char str[3][20];            //定义二维数组，用于存储三个字符串
    char max[20];               //定义一维数组，用于存储最大字符串
    int i;
    for(i=0;i<3;i++)
    {
        gets(str[i]);           //每换行输入一个字符串
    }
    //比较str[0]和str[1]字符串，将最大字符串复制给max
    if(strcmp(str[0],str[1])>0)
        strcpy(max,str[0]);
    else
        strcpy(max,str[1]);
    //比较str[2]和max字符串，将最大字符串复制给max
    if(strcmp(str[2],max)>0)
        strcpy(max,str[2]);
    printf("输入的三个字符串中最大的字符串是:\n%s\n",max);
}
```

（2）练习部分

练习1

需求说明：

编写C语言程序，要求用户输入姓，接着输入名，然后使用逗号或空格将姓和名拼接成一个字符串，最后输出该字符串及其长度，程序运行后的效果如图7-6所示。

图 7-6　练习 1 程序运行结果

练习2

需求说明：

编写C语言程序，输入一个字符串和一个字符，然后以该字符为条件，查询并删除字符串中出现的所有该字符，最后输出处理之后的新字符串，程序运行之后的效果如图7-7所示。

图 7-7　练习 2 程序运行结果

提示：将待删除字符右边的字符逐一前移，替换待删除字符。

习　　题

一、选择题

1. 以下程序段的输出结果是（　　　）。

```
char s[]="\\141\141abc\t";
printf ("%d\n",strlen(s));
```

　　A. 9　　　　　　　　B. 12　　　　　　　　C. 13　　　　　　　　D. 14

2. 以下不能正确进行字符数组赋初值的语句是（　　　）。

　　A. char str[5]="good!";　　　　　　　　B. char str[]="good!";

　　C. char str[]={"good!"};　　　　　　　　D. char str[5]={'g','o','o','d'};

3. 以下程序段中，不能正确存储字符串（编译时系统会提示错误）的是（　　　）。

　　A. char s[10]="abcdefg";　　　　　　　　B. char t[]="abcdefg";

C. char s[10]; s="abcdefg"; D. char s[10]; strcpy(s,"abcdefg");

4. 如果有语句：char a[] = "string", b[] = {'s', 't', 'r', 'i', 'n', 'g'};，则下面叙述中正确的是（　　）。

A. 数组 a 的长度大于数组 b 的长度 B. 数组 a 的长度小于数组 b 的长度

C. 数组 a 的长度等于数组 b 的长度 D. 数组 a 和数组 b 二者等价

5. 以下程序段运行后的输出结果是（　　）。

```
char ch[3][5]={"AAAA","BBB","CC"};
printf("\"%s\"\n",ch[1]);
```

A. "CC" B. "BBBCC" C. "AAAA" D. "BBB"

6. 以下程序段的运行结果是（　　）。

```
char s[10],s="abcd";
printf("%s",s);
```

A. abcd B. ab cd C. a D. 编译不通过

7. 以下程序段运行后的输出结果是（　　）。

```
char a[]="abcdefg",b[10]="abcdefg";
printf("%d %d\n",sizeof(a),sizeof(b));
```

A. 10 10 B. 8 8 C. 7 7 D. 8 10

8. 下列关于字符数组的描述错误的是（　　）。

A. 在定义字符数组后，不能通过数组名将字符串常量赋值给该数组

B. 可以用输入语句把字符串整体存储到字符数组中

C. 字符数组中的存储内容不一定是字符串

D. 字符数组只能存储字符串

9. s1、s2、s3 为存储 3 个字符串的字符数组，则语句 strcat(strcpy(s1,s2),s3); 的功能是（　　）。

A. 把字符串 s1 连接到字符串 s2 中，再把字符串 s2 复制到字符串 s3 之后

B. 把字符串 s2 连接到字符串 s1 之后，再把字符串 s3 复制到字符串 s1 中

C. 把字符串 s1 复制到字符串 s2 中，再把字符串 s2 连接到字符串 s3 之后

D. 把字符串 s2 复制到字符串 s1 中，再把字符串 s3 连接到字符串 s1 之后

10. 执行下列程序的运行结果是（　　）。

```
#include<stdio.h>
void main()
{
    char ch[7]="65ab21";
    int i,s=0;
    for(i=0;ch[i]>='0'&&ch[i]<='9';i+=2)
        s=10*s+ch[i]-'0';
    printf("%d\n",s);
}
```

A. 12ba56 B. 6521 C. 6 D. 62

二、填空题

1. 下列程序的运行结果是_____。

```c
#include<stdio.h>
void main()
{
    char s[]="abcdef";
    s[3]='\0';
    printf("%s\n",s);
}
```

2. 下列程序的运行结果是_____。

```c
#include<stdio.h>
void main()
{
    int i,c;
    char num[][4]={"CDEF","ACBD"};
    for(i=0;i<4;i++)
    {
        c=num[0][i]+num[1][i]-2*'A';
        printf("%3d",c);
    }
}
```

3. 下列程序的运行结果是_____。

```c
#include<stdio.h>
void main()
{
    char a[]="*****";
    int i,j,k;
    for(i=0;i<5;i++)
    {
        printf("\n");
        for(j=0;j<i;j++)
            printf("%c",' ');
        for(k=0;k<5;k++)
            printf("%c",a[k]);
    }
}
```

4. 下列程序的功能是将一个字符串中所有字符倒置重排，请在下列代码的横线处填上适当的表达式以实现该功能。

```c
#include<stdio.h>
#include<string.h>
```

```
void main()
{
    int i,j,k;
    char str[]="1234567";
    for(i=0,j=_____; i<j; i++,j--)
    {
        k=str[i];
        str[i]=str[j];
        str[j]=k;
    }
    printf("%s\n",str);
}
```

5. 下面程序的功能是将字符数组 a 中下标值为偶数的元素从小到大排列，其他元素不变。请填空。

```
#include<stdio.h>
#include<string.h>
void main()
{
    char a[]="c language",t;
    int i,j,k;
    k=strlen(a);
    for(i=0;i<=k-2;i+=2)
        for(j=i+2;j<k;_____)
            if(_____)
            {
                t=a[i];
                a[i]=a[j];
                a[j]=t;
            }
    puts(a);
    printf("\n");
}
```

三、操作题

1. 输入两个字符串 s1 和 s2，在 s1 中查找 s2 对应的字符串是否存在，若存在则输出它第一次出现的位置；若不存在，则输出"没有找到该字符串"。

2. 编写程序，把从键盘输入的一个数字字符串转换为一个整数并输出。例如，若输入字符串"-1234"，则函数把它转换为整数值 -1234。要求：不得调用 C 语言提供的将字符串转换为整数的函数。

3. 输入一个由若干单词组成的文本行（最多 80 个字符），每个单词之间用若干个空格隔开，统计此文本行中单词的个数。

单元 8
函 数

知识目标

➢ 熟悉函数的基本概念。

➢ 掌握函数的定义。

➢ 掌握函数的参数及返回值。

➢ 掌握函数的调用。

➢ 熟悉函数的声明。

➢ 掌握函数的参数传递。

➢ 熟悉函数的嵌套调用。

➢ 熟悉函数的递归调用。

➢ 掌握变量的作用域和生存周期。

能力目标

➢ 会定义、声明和调用函数。

➢ 会运用函数进行模块化编程。

任务描述

任务1：编写C语言程序，模拟计算器进行两个整数间的加减乘除四则运算。

任务2：斐波那契数列，又称黄金分割数列，即1、1、2、3、5、8、13、21、……数列，编写C语言程序，输出斐波那契数列的前20项。

相关知识

要模拟计算器的加减乘除四则运算功能，首先需要分别定义加法、减法、乘法和除法4个函数，然后根据用户输入的两个整数和运算符，将数据传递给相应的函数，对数据进行处理。

一、函数概述

在进行程序设计时，如果遇到一个复杂的问题，那么最好的方法就是将原始问题分解成若干个易于求解的小问题，每个小问题都用一个相对独立的程序模块来处理，最后，再把所有的模块像搭积木一样拼合在一起，构成一个完整的程序。这种在程序设计中分而治之的策略，称为模块化程序设计方法。

例如，要设计一个算术练习的程序，要求这个程序能随机给出加、减、乘、除4种算术练习题，并能判断答题者的答案是否正确。根据需求进行分析，可以把整个程序分成5大模块。其中，一个模块实现加、减、乘、除4种运算的菜单选择功能，另外4个模块分别实现4种运算的出题和对答案正误的判断。菜单模块可用主函数来实现，通过主函数对另外4个函数的调用来把它们拼合起来，从而使程序设计的整个框架显得层次分明，编写代码既直观又容易，同时也提高了程序的易读性和易维护性。

各种版本的C语言都提供了极为丰富的库函数，如printf( )、scanf( )、getchar( )、putchar( )、gets( )、puts( )、strcat( )等函数均属此类。同时允许用户建立自己定义的函数，用户可把自己的算法编成一个个相对独立的函数模块，然后通过调用的方法使用函数。C程序的全部工作都是由各种函数完成的。

程序的执行总是从main( )函数开始，完成对其他函数的调用后再返回到main( )函数，最后由main( )函数结束整个程序的运行。一个C语言的源程序必须有也只能有一个main( )函数。

由于采用了函数模块式的结构，C语言易于实现结构化程序设计。使程序的层次结构清晰，便于程序的编写、阅读、调试。

二、函数的定义

C语言函数由函数签名和函数体组成，函数签名包括返回值类型、函数名以及参数列表。函数体是具有一定功能或作用的一段代码，函数体必须使用"{}"括起来。

基本语法：

```
返回值类型  函数名 (形式参数列表)
{
        函数体;
}
```

语法说明：

返回值类型：是指函数返回值的数据类型，可以是C语言所支持的任意类型，若不需要返回任何值，则其返回值类型用void关键字表示。

函数名：即函数的名称，通常通过函数名实现函数的调用，函数名与变量名命名规则一致。建议使用有意义的英文单词或词组作为函数名。

形式参数列表：形式参数为函数定义时的接口变量，用于在调用函数时向函数传递数据。可以根据需要提供任意个数的形式参数。当存在多个形式参数时，每个参数间必须使用","作为间隔。在这里要重点注意，当不使用任何形式参数时，函数名右边的"( )"不能省略。

函数定义的一般形式有以下两种:

1. 函数定义的传统形式

返回值数据类型 函数名 (不带有类型说明的形式参数表)
{
　　函数体
}

2. 函数定义的现代风格形式

返回值数据类型 函数名 (带有类型说明的形式参数表)
{
　　函数体
}

例如, 一个求和的自定义函数sum, 用传统风格形式编写, 其定义如下所示:

```
int sum(x,y)
int x,y;
{
    return (x+y);
}
```

用现代风格形式编写其定义, 则代码如下所示:

```
int sum(int x,int y)
{
    return (x+y);
}
```

注意: 函数定义不允许嵌套。在C语言中, 所有函数 (包括main( )函数) 都是平行的。一个函数的定义可以放在程序中的任意位置, main( )函数之前或之后。但在一个函数的函数体内, 不能再定义另一个函数, 即不能嵌套定义。

三、函数的参数及返回值

(一)函数的参数

函数的参数分为两种: 形式参数和实际参数, 简称形参和实参。形参出现在函数定义中, 在整个函数体内都可以使用, 离开该函数则不能使用。实参出现在调用该函数的语句中。形参和实参的功能是作数据传递。当发生函数调用时, 实参将数据传送给被调用函数的形参, 通过形参将数据传递给被调用的函数, 对数据进行加工和处理, 以实现被调用函数的功能或作用。

函数的形参和实参具有以下特点:

(1)形参变量只有在函数被调用时才分配内存单元。在调用结束时, 即刻释放所分配的内存单元。因此, 形参只有在函数内部有效。函数调用结束返回调用它的函数后则不能再使用该形参变量。

(2)实参可以是常量、变量、表达式、函数等, 无论实参是何种类型的数据, 在进行函数调用时, 它们都必须具有确定的值, 以便把这些值传送给形参。因此应预先用赋值、输入等方法使实参获得确定值。

（3）实参和形参在数量、类型和顺序上应保持一致，否则会发生类型不匹配的错误。

（4）函数调用中发生的数据传送通常是单向的。即只能把实参的值传送给形参，而不能把形参的值反向地传送给实参。因此在函数调用过程中，形参的值发生改变，而实参中的值不会变化。在这里要注意，并不是说函数调用时不能实现双向数据的传递。关于这一过程的实现，将在后续内容中涉及，在这里就不再赘述。

【例8-1】实参向形参传递数据。

```c
#include<stdio.h>
/*定义求x的n次幂函数*/
void power(double x,int n)
{
    double t;
    int p=n;
    if(n>0)
    {
        for(t=1.0;n>0;n--)
        {
            t=t*x;
        }
    }
    else
    {
        t=1.0;
    }
    printf("%lf^%d=%lf\n",x,p,t);
}
void main()
{
    double i;
    int pow;
    printf("Input num and pow:\n");
    scanf("%lf %d",&i,&pow);
    power(i,power);              /*调用power()函数，参数传递：i→x，pow→n*/
}
```

运行结果：

```
Input num and pow:
3 4
3.000000^4=81.000000
```

程序说明：

该程序的功能是实现数的幂运算，并输出运算结果。程序中定义了一个用户自己定义的幂函数power()。

（二）函数返回值

函数返回值是指函数调用结束后返回到调用它的函数时所带回的值。有的函数有返回值，有的函数没有返回值。

有返回值的函数，它的返回值通过函数体中的return语句来实现。

return语句的一般格式：

```
return 返回值表达式;
```

或者

```
return(返回值表达式);
```

return语句的功能：返回调用函数，并将"返回值表达式"的值带给调用函数。

注意：调用函数中无return语句，并不是不返回一个值，而是一个不确定的值。

（三）函数类型

根据函数是否存在参数和返回值，可将函数分为四种类型：无参无返回值的函数、无参有返回值的函数、有参无返回值的函数和有参有返回值的函数。

1．无参无返回值函数的一般形式

```
void 函数名( )
{
    函数体
}
```

【例8-2】无参无返回值函数的定义。

```
#include<stdio.h>
/*定义用户自定义函数printstar() */
void printstar()
{
    printf("**********************************\n");
}
/*定义用户自定义函数printmsg() */
void printmsg()
{
    printf("            Hello,world\n");
}
void main()
{
    printstar();    /*调用printstar()函数*/
    printmsg();     /*调用printmsg()函数*/
    printstar();    /*调用printstar()函数*/
}
```

运行结果：

```
**********************************
            Hello,world
**********************************
```

程序说明：

程序中定义了两个函数，其中printstar( )函数用于打印若干个*号；printmsg( )函数用于输出字符串"Hello,world"。

2．无参有返回值函数的一般形式

```
返回值类型  函数名()
{
    函数体
}
```

【例8-3】无参有返回值函数的定义。

```
#include<stdio.h>
/*定义比较两个整数大小的函数*/
int max()
{
    int x,y;
    printf("Input two integers:\n");
    scanf("%d %d",&x,&y);
    if(x>y)
        return 1;
    else
        return 0;
}
void main()
{
    if(max()==1)                    /*调用max()函数*/
        printf("The fisrt integer is biger!\n");
    else
        printf("The second integer is biger!\n");
}
```

运行结果：

```
Input two integers:
2 5
The second integer is biger!
```

程序说明：

该程序的功能是比较两个整数的大小。程序中定义了比较两个整数大小的函数max( )，调用该函数，若返回1，则表示第1个整数大；若返回0，则表示第2个整数大。

3．有参无返回值函数的一般形式

```
void 函数名(参数1[,数据类型 参数2,…])
{
    函数体
}
```

【例8-4】 有参无返回值函数的定义。

```c
#include<stdio.h>
/*定义求正方形面积函数*/
void square(double x)
{
    printf("The area of square is %.2lf\n",x*x);
}
void main()
{
    double x;
    printf("Input the side lenghth of square:\n");
    scanf("%lf",&x);
    square(x);                    /*调用square()函数*/
}
```

运行结果：

```
Input the side lenghth of square:
5.5
The area of square is 30.25
```

程序说明：

该程序的功能是计算正方形的面积。程序中定义了计算正方形面积的函数square( )。

4. 有参有返回值函数的一般形式

```
返回值类型  函数名(参数1[,数据类型  参数2,…])
{
    函数体
}
```

【例8-5】 有参有返回值函数的定义。

定义一个函数，用于返回两整数中的较大数，然后通过主函数调用并输出较大数。

```c
#include<stdio.h>
/*定义返回整型数据的函数max()，n1和n2为形式参数*/
int max(int n1,int n2)
{
    return(n1>n2?n1:n2);
}
void main()
{
    int num1,num2,m;
    printf("input two numbers:\n");
    scanf("%d%d",&num1,&num2);
    m=max(num1,num2);   /*调用函数max()，num1和num2为实际参数*/
```

```
    printf("max=%d\n",m);
}
```

运行结果：

```
input two numbers: 5 18
max=18
```

程序说明：

（1）上述程序由两个函数组成：main( )和max( )。其中max( )是用户定义的函数，它的返回类型为int，并有n1和n2两个int形参，形参的值在max( )函数被调用时由实参提供。

（2）程序从main( )函数开始执行，当执行到语句m=max(num1,num2);时，会先暂停main( )函数，转去调用max( )函数，同时将实参num1、num2的值依次传递给形参n1、n2。

（3）当max( )函数调用结束后，程序执行流程将会回到main( )函数的暂停处继续往下执行其他语句，直到最后输出两数中的较大数。

四、函数的调用

在程序运行过程中，通过对函数的调用来执行函数体。当程序中存在函数调用时，如图8-1所示，程序运行的过程中将发生如下变化：

（1）主函数被调用；

（2）程序控制将转移至被调函数max( )；

（3）执行被调函数max( )；

（4）被调函数max( )调用结束，返回至主函数的函数调用语句，并继续向下执行。

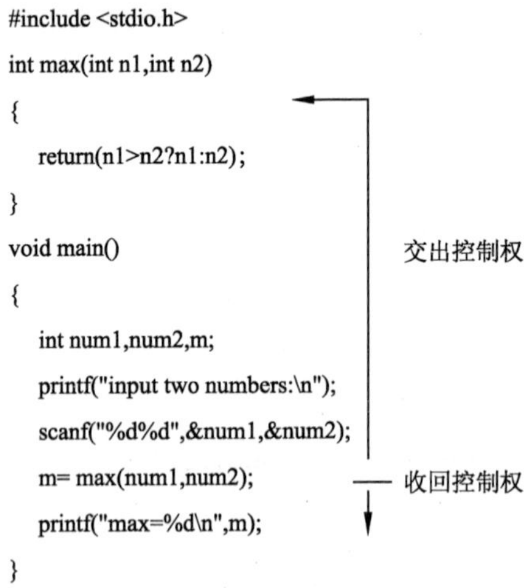

```
#include <stdio.h>
int max(int n1,int n2)
{
    return(n1>n2?n1:n2);
}
void main()
{
    int num1,num2,m;
    printf("input two numbers:\n");
    scanf("%d%d",&num1,&num2);
    m= max(num1,num2);
    printf("max=%d\n",m);
}
```

交出控制权

收回控制权

图 8-1 函数调用过程

C语言中，函数调用的一般形式为：

```
函数名([实际参数表])
```

注意：实参的个数、类型和顺序，应该与被调用函数所要求的参数个数、类型和顺序一致，才能正确地进行数据传递。

在C语言中，函数的调用可以采用以下三种方式实现：

（1）函数以表达式形式：这种方式要求函数必须要有返回值。例如，将求和函数sum( )的返回值赋给变量s，可以使用语句s=sum(n);。

（2）函数语句形式：这种方式中，函数的调用作为一条独立的语句而存在。例如，输出一个字符串"hello world!"，可以通过printf("hello world!");语句来实现。

（3）函数的实参形式：一个函数充当另外一个函数调用时的实参。例如，假设存在一个两数比较大小的函数max( )，现在想通过printf( )函数将两数的较大数输出，可以给出语句printf("max=%d\n", max(num1,num2));，在这条语句中，max( )函数就充当了printf( )函数的实参。

说明：

（1）调用函数时，函数名称必须与具有该功能的自定义函数名称完全一致。

（2）实参在类型上按顺序与形参必须一一对应和匹配。如果类型不匹配，C编译程序将按赋值兼容的规则进行转换。如果实参和形参的类型不与赋值兼容，通常并不给出出错信息，且程序仍然继续执行，只是得不到正确的结果。

（3）如果实参表中包括多个参数，对实参的求值顺序随系统而异。有的系统按自左向右顺序求实参的值，有的系统则相反。Turbo C和MS C是按自右向左的顺序进行的。

五、函数的声明

在前面的实例中，对于用户自定义的函数都采取了"先定义，后使用（调用）"的模式。但是，在实际应用中，函数的定义往往在该函数调用的语句之后，甚至不在同一个源文件中。对于这种情况，应该遵循"先声明，后调用"的原则。也就是说，在函数调用语句之前，先给出一条声明该函数定义存在的语句，然后在函数调用语句之后，或其他文件中给出该函数具体的定义语句。

对被调用函数进行声明，采取原型声明格式，具体如下：

格式1：

```
返回值类型　函数名(数据类型1,数据类型2……);
```

格式2：

```
返回值类型　函数名(数据类型1　参数名1,数据类型2　参数名2……);
```

格式1是基本形式。为了便于阅读程序，也可以参照格式2，在函数声明原型中加上参数名。但编译系统不检查参数名。因此参数名是什么都无所谓。

【例8-6】打印三角图案。

```
#include<stdio.h>
/*声明函数p_star()原型*/
void p_star(int n);
/*定义主函数,调用p_star()函数打印三角图案 */
void main()
{
    int i;
```

```
      for(i=1;i<=4;i++)
      {
          p_star(i);              /*输出i个星号 */
          printf("\n");
      }
}
/*定义函数p_star()*/
void p_star(int n)
{
    while(n--)
      printf("*");
}
```

运行结果：

```
*
**
***
****
```

程序说明：本程序的功能是用星号（*）打印三角图案。为了说明函数声明的用法，在p_star( )函数调用之前给出了它的声明语句，然后在函数调用语句之后才给出了该函数的定义。

另外，关于函数的声明，应该注意：当被调用函数的函数定义语句出现在调用该函数的语句之前时，可以略过该函数的声明。因为在调用之前，编译系统已经知道了被调用函数的函数返回值类型、参数个数、类型和顺序。

注意：函数的定义和声明的区别。定义是指对函数功能的确立，包括指定函数名、函数返回值类型、形参及其类型、函数体等，它是一个完整的、独立的函数单位。声明的作用则是把函数的名称、函数返回值类型以及形参的类型、个数和顺序通知编译系统，以便在调用该函数时系统按此进行对照检查。

六、函数的参数传递

当调用函数时，函数参数传递数据的方式有两种：传值方式和传地址方式。

（一）传值方式

传值方式又称数据复制方式，它是把函数的实参值复制给被调用函数的形参，在这种情况下，修改被调用函数内的形参不会影响实参的值。

【例8-7】参数的传值方式。

```
#include<stdio.h>
/*定义两数交换的函数*/
void swap(int x,int y)
{
    int temp;
```

```
        printf("----------------swap begin----------------\n");
        printf("before exchange:x=%d,y=%d\n",x,y);
        temp=x;
        x=y;
        y=temp;
        printf("after exchange:x=%d,y=%d\n",x,y);
        printf("----------------swap end----------------\n");
}
void main()
{
    int a,b;
    printf("please input two number:");
    scanf("%d%d",&a,&b);
    printf("a=%d,b=%d\n",a,b);
    swap(a,b);      /*调用函数, 参数传递: a→x,b→y*/
    printf("a=%d,b=%d\n",a,b);
}
```

运行结果:

```
please input two number:3 4
a=3,b=4
----------------swap begin----------------
before exchange:x=3,y=4
after exchange:x=4,y=3
----------------swap end----------------
a=3,b=4
```

程序说明:

（1）本程序定义了函数swap( )，作用是交换形参x、y的值。

（2）语句swap(a,b);为调用swap( )函数，实际参数为a、b，调用过程中实参a、b向形参x、y传递了参数值，使形参得到了初始数据，并通过代码交换了x、y的值。

（3）返回到主函数后，发现实参a、b的值并未随形参值的变化而变化。

上面程序的运行结果也反映了实参和形参分别对应着不同的存储单元，同时实参和形参传输数据的过程是单向的，即实参向形参传递数据，形参的变化不会影响实参。图8-2说明了这一过程。

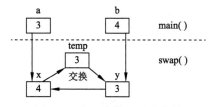

图 8-2　实际参数和形式参数

（二）传地址方式

传地址方式是把地址常量传送给被调用函数的形参。采用传地址方式，可以很好地解决数组中大量数据在函数间传递的问题。在这种方式中，一般用数组名（或指针）作为形参接收实参数组首地址，这样使得形参与实参数组（或指针）首地址相同。所以在被调用函数中，如果修改了数组元素值，调用函数后实参数组元素值也会发生相应变化。可见，用传地址方式传递数据，相当于调用函数结束后返回了多个值。

【例8-8】参数的传地址方式。

```
#include<stdio.h>
/*定义使数组元素加1函数*/
void change(int b[])
{
    int i;
    for(i=0;i<3;i++)
    {
        b[i]=b[i]+1;
    }
}
void main()
{
    int a[]={1,2,3};
    printf("Before change:\n");
    printf("%d,%d,%d\n",a[0],a[1],a[2]);
    change(a);                      /*调用函数，传递数组的首地址*/
    printf("After change:\n");
    printf("%d,%d,%d\n",a[0],a[1],a[2]);
}
```

运行结果：

```
Before change:
1,2,3
After change:
2,3,4
```

程序说明：

本程序的功能是使数组中所有元素的值加1。调用change( )函数时，将实参数组a的首地址传递给形参数组b，使得数组b与数组a占用同一存储地址。因此，当修改数组b中各元素的值时，数组a中各元素的值也会发生相应的变化。

七、函数的嵌套调用

在调用函数时，被调用函数又调用了其他函数，这种函数调用方式称为函数的嵌套调用。例如，通过主函数main( )调用函数f1( )，函数f1( )中又调用了函数f2( )。这种函数调用情况在实际编程应用中更为常见。其调用关系如图8-3所示。

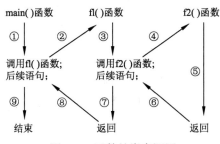

图 8-3 函数的嵌套调用

图8-3所示函数的嵌套调用的执行过程是：

① 从main( )函数开始执行；

② 执行到调用f1( )函数的语句，暂停main( )函数，流程转到f1( )函数；

③ f1( )函数开始执行；

④ 执行到调用f2( )函数的语句，暂停f1( )函数，流程转到f2( )函数；

⑤ f2( )函数开始执行，若该函数内再无其他函数的调用，则完成f2( )函数的调用；

⑥ 流程转到f2( )函数调用处，即返回到f1( )函数；

⑦ 继续执行f1( )函数中尚未执行的部分，直到f1( )函数结束；

⑧ 返回main( )函数中调用f1( )函数处；

⑨ 继续执行main( )函数的剩余部分直到程序结束。

注意：C语言不能嵌套定义函数，但可以嵌套调用函数。

【例8-9】计算$s=1^k+2^k+3^k+\cdots+N^k$。

```
#include<stdio.h>
/*定义函数用于计算1到n的k次方的累加和*/
long add_power(int n,int k)
{
    long sum=0;
    int i;
    for(i=1;i<=n;i++)
        sum+=my_power(i,k);
    return sum;
}
/*定义函数用于计算n的k次方*/
long my_power(int n,int k)
{
    long power=n;
    int i;
    for(i=1;i<k;i++)
        power*=n;
    return power;
}
```

```
void main()
{
    int n,k;
    printf("please input(n k):");
    scanf("%d%d",&n,&k);
    printf("s=%ld\n",add_power(n,k));
}
```

运行结果：

```
please input(n k):5 4
s=979
```

程序说明：

（1）本程序中用户定义了两个函数：add_power( )和my_power( )函数。其中，add_power( )函数用于计算1的k次方到n的k次方之累加和，my_power( )函数用于计算n的k次方。

（2）在函数add_power( )中嵌套调用了函数my_power( )，函数间的调用关系如图8-4所示。

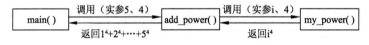

图8-4　函数的嵌套调用和返回

八、函数的递归调用

（一）递归的定义

一个函数在它的函数体内直接或间接地调用它自身的过程，称为函数的递归调用。

C语言允许函数的递归调用。在递归调用中，调用函数又是被调用函数，执行过程中函数将反复调用其自身。每调用一次就进入新的一层，如图8-5所示。

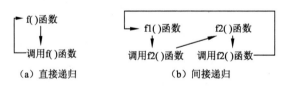

（a）直接递归　　　　　（b）间接递归

图8-5　函数的递归调用

在调用函数f( )的过程中，又要调用f( )函数，这是直接调用本函数。称为直接递归。在调用f1( )函数的过程中，又要调用f2( )函数，而在调用f2( )函数的过程中又要调用f1( )函数，这是间接调用本函数。称为间接递归。从图8-5可以看出，这两种递归调用都是无终止的自身调用。显然，程序中不应出现这种无终止的递归调用，而只应出现有限次数的、有终止的递归调用。

为了防止递归调用无终止地进行下去，必须在函数内引入终止递归调用的机制。常用的办法是加条件判断，满足某种条件后就不再递归调用，然后逐层返回。因此说，一个递归的过程可以分为"递推"和"回归"两个阶段。

【例8-10】利用函数的递归调用实现$n!$的计算。

$$n! = \begin{cases} 1 & \text{当}n=0\text{或}n=1\text{时} \\ n(n-1)! & \text{当}n>0\text{时} \end{cases}$$

```c
#include<stdio.h>
/*定义函数fact()，函数类型为长整型*/
long fact(int n)
{
    long f;
    if(n>1)
        f=fact(n-1)*n;          /*递归调用*/
    else
        f=1;                    /*递归结束的条件*/
    return(f);
}
void main()
{
    int n;
    long y;
    printf("input a integer number:");
    scanf("%d",&n);
    y=fact(n);                  /*主函数调用fact()函数*/
    printf("%d!=%ld\n",n,y);
}
```

运行结果：

```
input a integer number:5
5!=120
```

程序说明：main()函数中只有一个调用语句，整个问题的求解全靠y=fact(n);函数调用来解决。函数调用过程如图8-6所示。

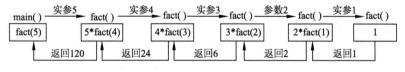

图 8-6　函数的递归调用

（二）递归的调用过程

依据上述分析可知，递归调用的过程可分为两个阶段：

第一阶段称为"递推"阶段：将原问题不断转换为新问题，逐渐地从未知向已知的方向推测，最终达到已知的条件，即递归结束条件。

第二阶段称为"回归"阶段：从已知条件出发，按"递推"的逆过程，逐一求值回归，最后回到递推的开始处，完成递归调用。

　　函数的递归调用不仅用于递推公式的计算，也用于处理任何可用递推方式解决的问题。下面的示例就是函数递归调用的一个典型范例。

【例8-11】模拟汉诺塔游戏。

　　19世纪末，欧洲流行一种称为汉诺塔（Hanoi Tower）的游戏。传说游戏起源于布拉玛神庙（Bramah Temple）中的教士，游戏的装置是一块铜板上面有三根金刚石的针，左边针上穿插着从大到小若干个金属圆盘（见图8-7）。游戏的目标是将由盘子叠成的"塔"从左边针（源塔）上移到右边针（目的塔）上，规则是每次只能移动一个盘子，且不允许大盘压在小盘上面。源塔和目的塔之间的那根针作为缓冲塔（暂时存放金属圆盘用）。

　　算法分析：设针按从左到右依次编号为A、B、C。为了将n个盘从针A移到针C，可以先将n-1个盘从针A移到针B（用针C作缓冲），然后将针A上余下的（最下面的）一个盘移至针C上，再设法将n-1个盘从针B移到针C（用针A作缓冲）。于是，移动n个盘的任务简化为移动n-1个盘的任务。重复上述过程，每次n减少1，最后简化为移动一个盘的任务，此时只需直接移动这个盘即可。显然这是一个递归过程，其结束条件是只剩下一个盘需要移动。

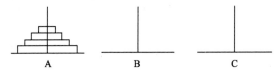

图 8-7　汉诺塔游戏示意图

　　将移动n个盘的总任务定义为函数movetower(n, 'A', 'B', 'C')，描述为将n个盘从针A移到针C，以针B为缓冲。按照上述思想，该总任务被分解成下列三个子任务（三步）：

　　第一步：把n-1个盘从源针A移到临时针B，以针C为缓冲。递归调用movetower(n-1, 'A','B','C')。

　　第二步：将塔底的一个盘从针A移到目标针C。用一个输出语句"printf("from A to C\n");"模拟移动一个盘的动作。

　　第三步：把n-1个盘从针B移到针C，以针A为缓冲。执行递归调用movetower(n-1, 'B', 'C', 'A')。

　　显然，完成总任务movetower(n, 'A', 'B', 'C')的函数是一个递归函数，该函数两次直接调用自己。模拟汉诺塔游戏的程序如下：

```c
#include<stdio.h>
void movetower(int n,char from,char to,char buf)
{
    if(n==1)
        printf("from %c to %c\n",from,to);
    else
    {
        movetower(n-1,from,buf,to);
        printf("from %c to %c\n",from,to);
        movetower(n-1,buf,to,from);
    }
```

```
}
void main()
{
    int n;                 /*n为游戏的规模，即金盘个数*/
    printf("input n:");
    scanf("%d",&n);
    movetower(n,'A','C','B');
    return 0;
}
```

运行结果：

```
input n:3
from A to C
from A to B
from C to B
from A to C
from B to A
from B to C
from A to C
```

实际工作中不是任何问题都可以使用递归调用算法进行编程。只有满足下列要求的问题才可使用递归调用算法：即要求能够将原有的问题转换为一个新的问题，而新问题的解决方法与原有问题的解决方法相同，按照这一原则依次化分下去，最终化分出来的新问题可以解决。分析上述要求不难看出下述两个问题是能否使用递归的关键：

（1）原问题能够转换为新问题，且新问题与原问题的解决方法相同。

（2）经过有限次数的转换，最终可以获得解决。也就是说，有限递归问题才有实际意义，而无限递归问题是没有实际意义的。

同时，所有递归问题都可用非递归的方法来解决，但对于一些比较复杂的递归问题用非递归的方法往往使程序变得十分复杂难以读懂，而函数的递归调用在解决这类递归问题时能使程序简洁明了有较好的可读性。由以上分析不难发现，在函数的递归调用过程中，系统要为每一层调用中的变量开辟存储单元，由于要保留每一层调用后的返回点，从而增加许多额外的开销，因此函数的递归调用通常会降低程序的运行效率。

九、变量的作用域和生存期

在C语言中，除了对变量进行数据类型的说明外，还可以说明变量的存储类别。不同的存储类别可以确定一个变量的作用域和生存期。

变量的作用域是指变量的作用范围，在C语言中，变量按其作用域分为全局变量和局部变量。

变量的生存期是指变量作用时间的长短，在C语言中分为程序期、函数期和复合语句期三种。

在C语言中，变量按其存储方式将其分为两大类：静态存储类的变量和动态存储类的变量。具体包括：自动变量（auto）、寄存器变量（register）、外部变量（extern）、静态变量（static）。其中，auto和register型变量属动态存储类的变量；extern和static型变量属于静态存储类的变量。

（一）自动变量

定义格式：

```
[auto]　数据类型　变量表
```

自动变量的关键字auto可以省略，不写则隐含确定为"自动存储类别"。即前面所见到的内部变量即为这种类型。

存储特点：

（1）自动变量是以动态方式存储的变量。在函数中定义的自动变量只在该函数内有效；函数被调用时分配存储空间，调用结束就释放。在复合语句中定义的自动变量只在该复合语句中有效，退出复合语句后，也不能再使用，否则将引起错误。

（2）定义而不初始化，则其值是不确定的。如果初始化，则赋初值操作是在调用时进行的，且每次调用都要重新赋一次初值。

（3）由于自动变量的作用域和生存期都局限于定义它的个体内（函数或复合语句），因此不同的个体中允许使用同名的变量而不会混淆。即使在函数内定义的自动变量，也可与该函数内部的复合语句中定义的自动变量同名。

注意：系统不会混淆，并不意味着人也不会混淆，所以尽量少用同名自动变量。

（二）静态内部变量

定义格式：

```
static　数据类型　内部变量表;
```

存储特点：

（1）静态局部变量是以静态方式存储的变量。在程序执行过程中，即使所在函数调用结束也不释放。换句话说，在程序执行期间，静态内部变量始终存在，但其他函数是不能引用它们的。

（2）定义静态内部变量位置在函数内，但是该变量在整个程序运行期间一直存在，且使用之前已初始化，即初始化时机与函数是否被调用过无关，故每次调用它们所在的函数时，不会再重新赋初值，只是保留上次调用结束时的值。

【例8-12】比较自动变量与静态局部变量的存储特性。

```c
#include<stdio.h>
void auto_static( )
{
    int x1=1;           /*自动变量x1：每次调用都重新初始化*/
    static int x2=1;    /*静态局部变量x2：只在函数调用之前初始化*/
    printf("x1=%d,x2=%d\n",x1,x2 );
    ++x1;
    ++x2;
}
void main()
{
```

```
    int i;
    for(i=0;i<3;i++)
        auto_static( );
}
```

运行结果：

```
x1=1,x2=1
x1=1,x2=2
x1=1,x2=3
```

程序说明：在调用auto_static( )函数之前，静态局部变量x2就初始化为1，调用过程中，不再初始化静态局部变量，第一次调用结束时，x2的值为2，同时由于x2是静态局部变量，在函数调用结束后，它并不释放，仍保留x2=2。在第二次调用auto_static( )函数时，x1的初值为1，x2的初值为2（上次调用结束时的值）。

（三）寄存器变量

一般情况下，变量的值都是存储在内存中的。为提高执行效率，C语言允许将局部变量的值存放到寄存器中，这种变量就称为寄存器变量。

定义格式：

```
register 数据类型 变量表;
```

说明：

（1）局部变量才能定义成寄存器变量，而全局变量不行。

（2）寄存器变量的实际处理随系统而异。例如，微机上的MSC和TC将寄存器变量实际当作自动变量处理。

（3）使用的寄存器数目是有限的，不能定义任意多个寄存器变量。

【例8-13】使用寄存器变量，求1到5的阶乘。

```
#include<stdio.h>
int fun(int n)
{
    register int i,f=1;          /*定义寄存器变量*/
    for(i=1;i<=n;i++)
        f=f*i;                   /*循环累乘*/
    return(f);
}
void main()
{
    int i;
    for(i=1;i<=5;i++)            /*循环求1~5的阶乘*/
        printf("%d!=%d\n",i,fun(i));
}
```

运行结果：

```
1!=1
2!=2
3!=6
4!=24
5!=120
```

程序说明：

（1）定义的局部变量f和i是寄存器变量。

（2）若变量f和i定义为自动变量，运行结果没有发生改变。

（四）外部变量

（1）静态外部变量——只允许被本源文件中的函数引用。

其定义格式为：

```
static 数据类型  外部变量表；
```

（2）非静态外部变量——允许被其他源文件中的函数引用。

定义时缺省static关键字的外部变量，即为非静态外部变量。其他源文件中的函数，引用非静态外部变量时，需要在引用函数所在的源文件中进行说明：

```
extern  数据类型  外部变量表；
```

注意：在函数内的extern变量说明，表示引用本源文件中的外部变量，而函数外（通常在文件开头）的extern变量说明，表示引用其他文件中的外部变量。

静态局部变量和静态外部变量同属静态存储方式，但两者区别较大：

① 定义的位置不同。静态局部变量在函数内定义，静态外部变量在函数外定义。

② 作用域不同。静态局部变量属于内部变量，其作用域仅限于定义它的函数内；虽然生存期为整个源程序，但其他函数是不能使用它的。静态外部变量在函数外定义，其作用域为定义它的源文件内；生存期为整个源程序，但其他源文件中的函数也是不能使用它的。

注意：把局部变量改变为静态内部变量后，改变了它的存储方式，即改变了它的生存期。把外部变量改变为静态外部变量后，改变了它的作用域，限制了它的使用范围。因此，关键字static在不同的地方所起的作用是不同的。

【例8-14】给定b的值，输入A，求A×b的值。

文件file1.c中的内容：

```
#include<stdio.h>
int A;                              /*定义外部变量*/
void main()
{
    int b=5;
    printf("input the number A:\n");
    scanf("%d",&A);
    printf("A*b=%d\n",f(b));        /*调用f函数，输出该函数的值*/
}
```

文件file2.c中的内容：

```
extern int A;                        /*声明A是一个外部变量*/
f(int n)
{
    int c;
    c=A*n;                           /*引用外部变量A*/
    return(c);
}
```

运行结果：

```
input the number A:
3
A*b=15
```

程序说明：

（1）本例是一个多源文件的C程序，涉及多源程序文件的编译和连接。

（2）可以看到，file2.c文件的开头有一个extern声明，它是声明和引用在文件file1.c中定义过的外部变量。本来外部变量A的作用域是file1.c，但现在用extern声明将其作用域扩大到file2.c文件。

（3）如果在文件file1.c中定义变量A时加入了关键字static，则表示其作用域限制在了file1.c中，无法在其他文件中引用。

常用的存储类别见表8-1。

表 8-1　存储类别

变量存储类别	函数内		函数外	
	作用域	存在性	作用域	存在性
自动变量和寄存器变量	√	√	×	×
静态局部变量	√	√	×	√
静态外部变量	√	√	√（只限本文件）	√
普通外部变量	√	√	√	√

说明：此表表示各种类型变量的作用域和存在性的情况。表中"√"表示"是"，"×"表示"否"。可以看到自动变量和寄存器变量在函数内外的"可见性"和"存在性"是一致的，即离开函数后，值不能被引用，值也不存在。静态外部变量和外部变量的可见性和存在性也是一致的，在离开函数后变量值仍存在，且可被引用，而静态局部变量的可见性和存在性不一致，离开函数后，变量值存在，但不能被引用。

任务实施

任务1

编写C语言程序，模拟计算器进行两个整数的加减乘除四则运算。

1．任务分析

根据用户输入的两个整数和运算符，分别实现两个整数的加减乘除四则运算功能。

2．任务实现

本任务模拟计算器进行两个整数的加减乘除四则运算。分以下步骤实现：

（1）定义两个整型变量，用于接收用户输入的数值。

（2）定义字符变量，用于接收用户输入的运算符。

（3）分别定义加法、减法、乘法和除法4个函数。

（4）在主函数中调用加减乘除函数。

（5）输出运算结果。

程序代码如下：

```
#include<stdio.h>
/*定义加法函数*/
void Add(int a,int b)
{
    printf("%d+%d=%d\n",a,b,a+b);
}
/*定义减法函数*/
int Subtract(int a,int b)
{
    return(a-b);
}
/*定义乘法函数*/
int Multiply(int a,int b)
{
    return(a*b);
}
/*定义除法函数*/
void Divide(int a,int b)
{
    if(b==0)
    {
        printf("The divisor cannot be 0\n",a,b,a*b);  //除数不能为0
        return;
    }
    printf("%d/%d=%.2lf\n",a,b,(double)a/b);
}
void main()
{
    int x,y;
    char op;
    printf("Input tow integers:\n");
```

```
scanf("%d %d",&x,&y);
getchar();
printf("Select operator:+,-,*,/\n");
scanf("%c",&op);
switch(op)
{
    case '+': Add(x,y);break;
    case '-': printf("%d-%d=%d\n",x,y,Subtract(x,y));break;
    case '*': printf("%d*%d=%d\n",x,y,Multiply(x,y));break;
    case '/': Divide(x,y); break;
    default:printf("opertor is error!\n");
}
}
```

运行结果如图8-8所示。

图 8-8 模拟计算器四则运算程序运行结果

任务2

斐波那契数列，又称黄金分割数列，即1、1、2、3、5、8、13、21、……数列，编写C语言程序，输出斐波那契数列的前20项。

1. 任务分析

从这个数列可以看出，从第三项开始，每一项都等于前两项之和，从而得到如下公式：

```
F(0)=0
F(1)=F(2)=1
F(n)=F(n-1)+F(n-2)(n≥3)
```

由于每次都要计算前两项之和，因此，可以首先定义求前两项之和的函数，然后函数进行递归调用，直到输出前20项为止。

2. 任务实现

本任务输出斐波那契数列的前20项。分以下步骤实现：

（1）定义求斐波那契数列函数$f(n)$。递归结束条件：当$n=1$和$n=2$时，返回值为1，当$n>3$时，$f(n)=f(n-1)+f(n-2)$。

（2）递归调用函数$f(n)$，输出20项。

（3）每输出5项后换行。

程序代码如下：

```
#include<stdio.h>
/*定义求斐波那契数列函数*/
int f(int n)
{
    if(n==1||n==2)              /*递归结束条件*/
    {
        return 1;
    }
    return f(n-1)+f(n-2);       /*递归调用*/
}
void main()
{
    int i;
    /*循环输出20项*/
    for(i=1;i<=20;i++)
    {
        /*调用函数f(n)，输出每项的值*/
        printf("%-5d",f(i));
        /*每输出5项，换行*/
        if(i%5==0)
            printf("\n");
    }
}
```

运行结果如图8-9所示。

图 8-9　计算斐波那契数列程序运行结果

同步训练

1. 函数声明、定义和调用

（1）指导部分

需求说明：

辗转相除法：计算两个非负整数 p 和 q 的最大公约数，若 q 是0，则最大公约数为 p。否则，将 p 除以 q 得到余数 r，p 和 q 的最大公约数即为 q 和 r 的最大公约数。编写函数实现辗转相除法求最大公约数，运行结果如图8-10所示。

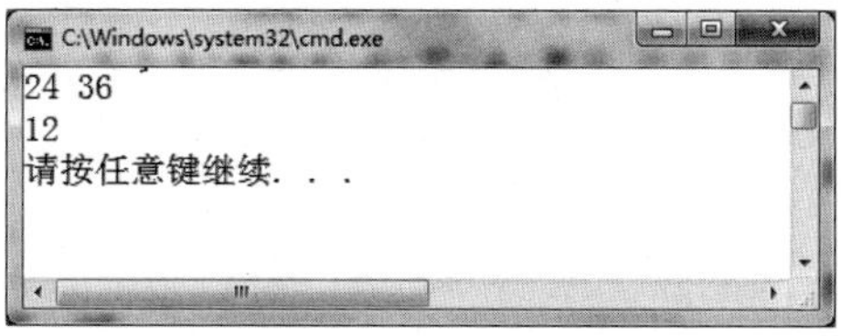

图 8-10　训练 1 程序运行结果

实现思路

➢ 定义两个整型变量，分别用于保存用户输入的两个整数。

➢ 根据辗转相除法思想，编写程序。

参考代码：

```c
#include<stdio.h>
/*函数声明*/
int gcd(int m,int n);
void main()
{
    int a,b,c;
    scanf("%d%d",&a,&b);
    c=gcd(a,b);                /*函数调用*/
    printf("%d\n",c);
}
/*函数定义*/
int gcd(int m,int n)
{
    int r;
    r=m%n;
    while(r!=0 )
    {
        m=n;
        n=r ;
        r=m%n;
    }
    return n;
}
```

（2）练习部分

练习1

需求说明：

造成高房价的原因很多，比如土地出让价格。既然地价高，土地的面积必须仔细计算。遗憾的是，有些地块的形状不规则，如图8-11所示的五边形。一般需要将其划分为多个三角形来计算。

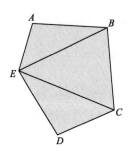

图 8-11　土地形状

已知三边求三角形的面积需要用海伦定理，如图8-12所示。

图 8-12　海伦公式

各条边长数据如下：

| AB = 52.1 | BC = 57.2 | CD = 43.5 | DE = 51.9 |

| EA = 33.4 | EB = 68.2 | EC = 71.9 |

运行结果如图8-13所示。

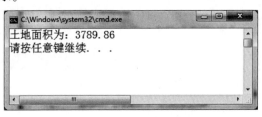

图 8-13　练习1程序运行结果

提示：

➢ 编写GetArea( )函数计算三角形面积。

➢ 使用指令#include 引入头文件math.h，调用头文件中的sqrt( )函数计算平方根。

练习2

需求说明：

有一个3行4列的矩阵：

$$\begin{bmatrix} 23 & 25 & 17 & 34 \\ 32 & 64 & 61 & 49 \\ 24 & 53 & 40 & 39 \end{bmatrix}$$

编写函数，求该矩阵中的最大元素值，运行结果如图8-14所示。

图 8-14 练习 2 程序运行结果

提示：利用二维数组存储矩阵元素。

2．掌握函数嵌套调用、递归函数和变量作用域

（1）指导部分

需求说明：

输入一个自然数，若为偶数，则把它除以2，若为奇数，则把它乘以3加1。经过如此有限次运算后，总可以得到自然数值1。编写C语言程序，求经过多少次可得到自然数1。运行结果如图8-15所示。

```
C:\Windows\system32\cmd.exe
请输入数字：6
6 3 10 5 16 8 4 2 1
步数：9
请按任意键继续. . .
```

图 8-15 训练 2 程序运行结果

实现思路

➤ 定义求变化次数的函数，递归结束条件：当n==1，返回值1。若为偶数，递归调用f(n*3+1)+1；若为奇数，递归调用f(n/2)+1。

➤ 调用函数f(n)。

参考代码：

```c
#include<stdio.h>
/*定义求变化次数的函数*/
int f(int n)
{
    printf("%d ",n);
    if(n==1)                        /*递归结束条件*/
    return 1;
    if(n%2==1)
        return f(n * 3 + 1) + 1;    /*偶数，递归调用函数f(n * 3 + 1)*/
    else
        return f(n / 2) + 1;        /*奇数，递归调用函数f(n / 2) */
}
int main()
{
    int n;
    printf("请输入数字：");
```

```
        scanf("%d",&n);
        printf("\n步数：%d\n",f(n));          /*调用函数f(n)*/
}
```

（2）练习部分

练习1

需求说明：

有5个人坐在一起，问第5个人，他说比第4个人大2岁；问第4个人，他说比第3个人大2岁；问第3个人，他说比第2个人大2岁；问第2个人，他说比第1个人大2岁；问最后一个人，他说10岁。请问第5个人的年龄是多大？编写C语言程序，输出结果，运行结果如图8-16所示。

图 8-16　练习 1 程序运行结果

练习2

需求说明：

一个人赶着鸭子去每个村庄卖，每经过一个村子卖去所赶鸭子的一半又一只。这样他经过了7个村子后还剩两只鸭子，问他出发时共赶多少只鸭子？经过每个村子卖出多少只鸭子？编写C语言程序，输出结果，其运行结果如图8-17所示。

图 8-17　练习 2 程序运行结果

习　题

一、选择题

1. 一个完整的 C 源程序是（　　　）。

　　A. 要由一个主函数或一个以上的非主函数构成

　　B. 由一个且仅由一个主函数和零个以上的非主函数构成

　　C. 要由一个主函数和一个以上的非主函数构成

　　D. 由一个且只有一个主函数或多个非主函数构成

2. 以下说法正确的是（　　　）。

    A. 函数的定义可以嵌套，但函数的调用不可以嵌套

    B. 函数的定义不可以嵌套，但函数的调用可以嵌套

    C. 函数的定义和调用均不可以嵌套

    D. 函数的定义和调用均可以嵌套

3. 以下关于函数的叙述中正确的是（　　　）。

    A. C 语言程序将从源程序中第一个函数开始执行

    B. 可以在程序中由用户指定任意一个函数作为主函数，程序将从此开始执行

    C. C 语言规定必须用 main 作为主函数名，程序将从此开始执行，在此结束

    D. main 可作为用户标识符，用以定义任意一个函数

4. 在一个 C 程序中，main() 函数（　　　）。

    A. 必须出现在所有函数之前

    B. 可以在任何地方出现

    C. 必须出现在所有函数之后

    D. 必须出现在固定位置

5. 执行以下程序的输出结果是（　　　）。

```
#include<stdio.h>
int f()
{
    static int i=0;
    int s=1;
    s+=i;
    i++;
    return s;
}
void main()
{
    int i,a=0;
    for(i=0;i<5;i++)   a+=f();
    printf("%d\n",a);
}
```

    A. 2　　　　　　　　　　B. 24　　　　　　　　　　C. 25　　　　　　　　　　D. 15

6. 执行以下程序的输出结果是（　　　）。

```
float fun(int x,int y)
{
    return(x+y);
}
void main()
{
```

```
    int a=2,b=5,c=8;
    printf("%3.0f\n,fun((int)(fun(a+c,b),a-c));
}
```

    A. 编译出错　　　　B. 9　　　　　　C. 21　　　　　　D. 9.0

7. 执行以下程序的输出结果是（　　　）。

```
#include<stdio.h>
void main()
{
    int k=4,m=1,p;
    p=func(k,m);
    printf("%d,",p);
    p=func(k,m);
    printf("%d\n",p);
}
func(int a,int b)
{
    static int m=0,i=2;
    i+=m+1;
    m=i+a+b;
    return(m);
}
```

    A. 8,17　　　　　　B. 8,16　　　　　　C. 8,20　　　　　　D. 8,8

8. 以下程序中，sort( )函数的功能是对 a 所指数组中的数据进行由大到小排序。

```
void sort(int a[],int n)
{
    int i,j,t;
    for(i=0;i<n-1;i++)
        for(j=i+1;j<n;j++)
            if(a[i]<a[j])
            {
                t=a[i];
                a[i]=a[j];
                a[j]=t;
            }
}
void main()
{
    int aa[10]={1,2,3,4,5,6,7,8,9,10},i;
    sort(&aa[3],5);
    for(i=0;i<10;i++)
    printf("%d,",aa[i]);
    printf("\n");
}
```

程序运行后的输出结果是（   ）。

    A. 1,2,3,4,5,6,7,8,9,10   B. 10,9,8,7,6,5,4,3,2,1

    C. 1,2,3,8,7,6,5,4,9,10   D. 1,2,10,9,8,7,6,5,4,3

9. 执行以下程序的输出结果是（   ）。

```c
#include<stdio.h>
int fun(int n)
{
    if(n==1)
        return 1;
    else
        return(n+fun(n-1));
}
void main()
{
    int x=10;
    x=fun(x);
    printf("%d\n",x);
}
```

    A. 55   B. 54   C. 65   D. 45

10. 执行以下程序的输出结果是（   ）。

```c
#include<stdio.h>
long fun(int n)
{
    long s;
    if(n==1||n==2)
        s=2;
    else
        s=n-fun(n-1);
    return s;
}
void main()
{
    printf("%ld\n",fun(3));
}
```

    A. 1   B. 2   C. 3   D. 4

二、填空题

1. 执行以下程序的输出结果是_____。

```c
#include<stdio.h>
void fun(int x,int y)
{
```

```
    x=x+y;
    y=x-y;
    x=x-y;
    printf("%d,%d,",x,y);
}
void main()
{
    int x=2,y=3;
    fun(x,y);
    printf("%d,%d\n",x,y);
}
```

2. 执行以下程序的输出结果是_____。

```
#include<stdio.h>
int fun(int num)
{
    int k=1;
    do
    {
        k*=num%10;
        num/=10;
    } while(num);
    return(k);
}
void main()
{
    int n=26;
    printf("%d\n",fun(n));
}
```

3. 以下程序的功能是计算函数 $F(x,y,z)=(x+y)/(x-y)+(z+y)/(z-y)$ 的值，请填空。

```
#include<stdio.h>
float f(float,float);
void main()
{
    float x,y,z,sum;
    scanf("%f%f%f",&x,&y,&z);
    sum=f(____(1)____)+f(____(2)____);
    printf("sum=%f\n",sum);
}
float f(float a,float b)
{
    float value;
```

```
    value=a/b;
    return(value);
}
```

4. 以下程序是选出能被 3 整除且至少有一位是 5 的两位数, 打印出所有符合要求的数及其个数, 请填空。

```
#include<stdio.h>
sub(int k,int n)
{
    int a1,a2;
    a2=____(1)____;
    a1=k-____(2)____;
    if((k%3==0&&a2==5)||(k%3==0&&a1==5))
    {
        printf("%-4d",k);
        n++;
        return n;
    }
    else return -1;
}
void main()
{
    int n=0,k,m;
    for(k=10;k<100;k++)
    {
        m=sub(k,n);
        if(m!=-1) n=m;
    }
    printf("\nn=%d\n",n);
}
```

5. 以下程序用于输出 012345, 请填空。

```
#include<stdio.h>
void fun(int k)
{
    if(k>0)
        _____;
    printf("%d",k);
}
void main()
{
    int w=5;
    fun(w);
    printf("\n");
}
```

三、操作题

1. 编写函数，用于求整数绝对值，然后在主函数中调用并输出结果。

2. 编写函数，用于计算 $s=1+\dfrac{1}{2!}+\dfrac{1}{3!}+\cdots+\dfrac{1}{n!}$，然后在主函数中调用。

3. 用递归方法编写函数，将参数表示的十进制数转换成八进制数作为返回值，然后在主函数中调用。

单元 9

指　针

知识目标

➤理解指针和地址的概念。

➤掌握指针变量的定义与使用。

➤掌握指向一维数组的指针。

➤掌握指向二维数组的指针。

➤掌握指向字符串的指针。

能力目标

➤会使用指针变量。

➤会使用指针操作一维数组元素。

➤会使用指针操作二维数组元素。

➤会使用指针操作字符串。

任务描述

任务1：使用指针操作实现：输入10个整数，找出其中的最大数。

任务2：将字符串中的某个字符用指定字符替换。

相关知识

指针是C语言中的一个重要概念。通过指针的使用，能有效地表示复杂的数据结构、动态分配内存、直接处理内存地址等。

一、地址和指针

在计算机中，所有的数据都是存放在存储器中。一般把存储器中的一个字节称为一个内存单元。

（一）指针的概念

计算机的内存是以字节为单位的一片连续的存储空间，每一字节都有一个编号，这个编号就是内存地址。

指针就是一个变量在内存中的地址。也就是说，一个变量在内存空间中的所在地址称为该变量的指针。变量在内存中的存放形式如图9-1所示。

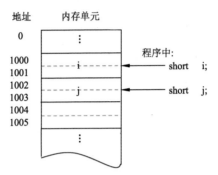

图 9-1　变量在内存中的存放

（二）指针变量的定义

一个专门用来保存其他变量地址的变量，就是指针变量。定义的一般形式为：

```
类型标识符　*变量名；
```

说明：

（1）变量名前面的"*"，表示该变量是指针变量；

（2）"类型标识符"表示该指针变量所指向的变量的数据类型。

例如：

```
int *p;
```

定义了一个指针变量p，该指针变量指向int类型的数据。指针变量同基本类型变量一样，在定义的同时，允许初始化。

【例9-1】指针变量的定义举例。

```
int x;
int *p=&x;
```

此例中定义了一个指向int变量x的指针变量p。它们之间的关系如图9-2所示。

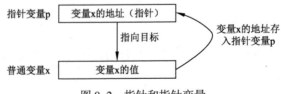

图 9-2　指针和指针变量

图9-2中指针变量p保存了变量x的地址，可称为p指向变量x。

（三）指针变量的基本使用

——间接访问运算符，取指针所指向的变量的内容（这里的""的作用要与定义指针变量时的"*"区别开）。

&——取地址运算符，取变量的地址。

【例9-2】指针变量的基本使用。

```
#include<stdio.h>
void main()
{
    int x=3,*p;
    p=&x;                   //使p指向变量x
    *p=*p+1;                //取p指向的变量x的内容加1，求和后赋值到p指向的变量X中
    printf("x=%d\n",x);
}
```

运行结果：

```
x=4
```

注意：当指针指向变量后，既可"直接"用变量名访问变量，也可用指针"间接"访问变量。

【例9-3】使用指针变量，求两个数中的最大数。

```
#include<stdio.h>
int fmax(int *pa,int *pb)
{
    int m;
    if(*pa>*pb)
        m=*pa;
    else
        m=*pb;
    return m;
}
void main()
{
    int a,b,max;
    printf("input two numbers:\n");
    scanf("%d%d",&a,&b);
    max=fmax(&a,&b);
    printf("max=%d\n",max);
}
```

运行结果：

```
input two numbers:
10   20<回车>
max=20
```

程序分析：fmax( )是用户自定义函数，形参pa和pb是指针变量，函数的功能是计算两个数的最大值。程序运行时，从主函数开始，输入两个整数，调用fmax( )函数时，将实参a和b的地址传

递给形参指针变量pa和pb，调用结束后，将最大值m返回给主函数。

课堂实践

　　使用指针实现：输入a和b两个整数，按从大到小的顺序输出a和b。

二、指向一维数组的指针

　　指针与数组是C语言中很重要的两个概念，它们之间有着密切的关系，利用这种关系，可以增强处理数组的灵活性，加快运行速度。

（一）指针和一维数组

　　通过数组的学习可以知道，数组名实际上是一个地址常量。而指针变量可以保存地址，两者可以很好地结合。

　　一维数组的数组名即代表数组在内存中存放的首地址，数组中的数组元素被存放在一片连续的内存存储单元中。

数组元素的地址=数组首地址+数组元素下标×数组类型所占的内存字节数

　　对于一维数组a而言，编译系统将数组元素a[i]转换成*(a+i)，然后才进行运算。

　　由此可见，C语言对数组的处理，实际上是转换成指针地址的运算。因此，任何能由下标完成的操作，都可以用指针实现，一个不带下标的数组名就是一个指向该数组的指针，区别是数组名为常量。

　　【例9-4】指针与一维数组。

```
int a[10];
int *pa;
pa=a;
```

程序分析：

　　数组a中的数组元素a[0]～a[9]占用连续的内存单元，数组名a代表数组的首地址，是一个常量。通过语句"pa=a;"建立指针pa与数组a之间的关系，此时pa也代表了数组的首地址。二者的区别在于pa是变量，a是常量。它们之间的关系如图9-3所示。

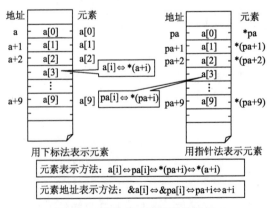

图9-3　指针与一维数组的关系

【例9-5】定义一个一维数组，从键盘输入元素值，并输出。

```
void main()
{
    int i,*p,a[5];
    p=a;
    for(i=0;i<5;i++)
        scanf("%d",p++);
    p=a;
    for(i=0;i<5;i++)
        printf("%d\t",*p++);
    printf("\n");
}
```

运行结果：

```
1 2 3 4 5
1   2   3   4   5
```

程序分析：

（1）函数scanf( )调用需提供输入数据的地址，p保存元素的地址，p++使得循环过程中p不断指向下一个元素。

（2）*p++表达式结合过程为*(p++)，但其中的p++为先取值，后自增，所以先计算*p++的值是等于*p，然后再计算p++，使p后移。

（二）一维数组作函数参数

一维数组作函数参数是指将数组名（数组首地址）为实参传递给处理函数。数组名作参数传递时，不需要将数组的每一个元素一一传递给函数，只要传递数组的首地址和元素数量即可。

【例9-6】利用函数找出数组中的最大值。

```
int fmax(int *p,int n)
{
    int maxi=0,i;                    //maxi用来存放最大数的下标
    for(i=1;i<n;i++)
        if(p[maxi]<p[i])
            maxi=i;
    return p[maxi];
}
void main()
{
    int a[10]  ,i ;
    for(i=0;i<10;i++)
        scanf("%d",a+i);
    printf("max=%d\n",fmax(a,10));    //输出函数中调用求最大值函数
}
```

运行结果：

```
36 15 24 1 8 6 71 34 9 -5<回车>
max=71
```

程序分析：

（1）函数scanf( )调用需提供输入数据的地址，a存放数组的首地址，a+i使得循环过程中不断获取下一个元素的地址。

（2）fmax( )函数调用，以数组名a作函数参数，将首地址传递给对应的形参p，p可以是指针或数组名，如图9-4所示。这样p和数组a共同占用一段内存，如果函数执行过程中形参数组的元素发生了变化，也会使实参数组的元素发生改变。

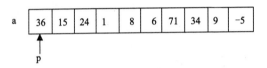

图9-4　参数传递的效果

（课）（堂）（实）（践）

使用指针实现：计算一维数组中所有元素之和。

三、指向二维数组的指针

用指针变量可以指向一维数组中的元素，也可以指向二维数组中的元素。

（一）二维数组的地址

前面已经学习了二维数组，下面定义一个3行4列的二维数组：

```
int a[3][4]={{0,1,2,3},{42,21,1,13},{40,63,32,39}};
```

a是二维数组名，数组a中含有3个一维数组组成的行元素a[0]、a[1]和a[2]，而a[0]、a[1]、a[2]又分别是三个一维数组的起始地址，它们分别包含4个列元素。例如：a[0]含有a[0][0]、a[0][1]、a[0][2]和a[0][3]，如图9-5所示。

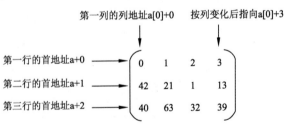

图9-5　二维数组行地址及列地址

从图9-5中可以看出，二维数组名a代表整个二维数组存储空间的首地址，即

第一行的首地址为：a+0，所指元素为a[0]；

第二行的首地址为：a+1，所指元素为a[1]；

第三行的首地址为：a+2，所指元素为a[2]；

a+i是按行的空间来变化的，按行变化的地址称为行地址。a+0、a+1、a+2所指目标a[0]、a[1]、a[2]分别代表各行元素的首地址，即a[0]、a[1]、a[2]可以看成另一个一维数组的数组名，每个一维数组包含4个元素，如图9-6所示。

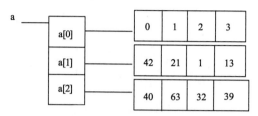

图9-6 二维数组中数组元素之间的关系

根据地址运算规则，a[0]+0代表第0行第0列元素的地址，a[0]+1代表第0行第1列元素的地址，依此类推，a[i]+j代表第i行第j列元素的地址。综上所述：

二维数组元素a[i][j]的地址形式可以表示为：

➢ &a[i][j]。

➢ a[i]+j。

➢ *(a+i)+j。

二维数组元素a[i][j]的形式可以表示为：

➢ a[i][j]。

➢ *(a[i]+j)。

➢ *(*(a+i)+j)。

➢ *(a+i)[j]。

【例9-7】使用不同方式将二维数组中的元素进行输出。

```
#include<stdio.h>
void main()
{
    int a[3][4]={1,23,45,5,6,72,123,81,60,50,30,40};
                        /*注意数组的初始化方式，按行依次赋值*/
    printf("%d \n",a[1][3]);      /*a[1][3]为二维数组中的第2行第4列元素*/
    printf("%d \n",*(a[1]+3));
    printf("%d \n",*(*(a+1)+3));
    printf("%d \n",(*(a+1))[3]);
}
```

（二）指向二维数组的指针变量

根据二维数组的地址关系，建立指向二维数组的指针，通过指针访问二维数组。

1. 指针数组访问二维数组

指针数组就是用指向同一数据类型的指针构成一个数组。数组中的每个元素都是指针变量，根据数组的定义，指针数组中每个元素都为指向同一数据类型的指针。指针数组的定义格式为：

类型标识 *数组名[整型常量表达式];

【例9-8】指针数组访问二维数组元素。

```
#include<stdio.h>
void main()
{
    int *p[3],i,j;                    /*定义指针数组p，包含三个指针变量p[0]、p[1]、p[2]*/
    int a[3][4]={1,2,3,4,5,6,7,8,9,10,11,12};
    for(i=0;i<3;i++)
        p[i]=a[i];                    /*使三个指针变量指向二维数组三行的行首*/
    for(i=0;i<3;i++)
    {
        for(j=0;j<4;j++)              /*按行列循环遍历每个数组元素*/
            printf("%5d",p[i][j]);
    printf("\n");
}
```

运行结果：

1	2	3	4
5	6	7	8
9	10	11	12

为什么要定义和使用指针数组呢？主要是由于指针数组处理字符串时更加方便、灵活，使用二维数组处理长度不等的文本效率低下，而指针数组由于其中每个元素都为指针变量，因此通过地址运算来操作文本行十分方便。

2. 行指针访问二维数组

行指针即指向的元素的数据类型为一维数组的指针变量。行指针每移动一个单位将移动一行的位置。

指向二维数组的指针变量与指向一维数组的指针变量用法类似。定义指针后，将二维数组的首地址赋给指针即可。

【例9-9】使用行指针变量访问二维数组。

```
#include<stdio.h>
void main()
{
    int i,j,a[3][4]={1,2,3,4,5,6,7,8,9,10,11,12};
    int(*p)[4];                      /*定义一个指向4个整型数据的指针变量p*/
    p=a;                             /*将二维数组的第0行首地址赋给p*/
    for(i=0;i<3;i++)
    {
        for(j=0;j<4;j++)
            printf("%5d",*(*(p+i)+j));        /*通过变量p引用，等价于p[i][j]*/
```

```
        printf("\n");
    }
}
```

运行结果：

```
1       2       3       4
5       6       7       8
9       10      11      12
```

其实，利用指针数组与行指针引用二维数组元素的实质是相同的，这一点从对数组元素的引用方式上可以看出。

3. 普通指针变量访问二维数组

可以通过定义一个指针变量访问二维数组元素。

【例9-10】使用指向数组元素的指针变量处理二维数组。

```
#include<stdio.h>
void main( )
{
    int i,j,*p;
    int a[3][4]={1,2,3,4,5,6,7,8,9,10,11,12};
    p=&a[0][0];                  /*使指针变量指向二维数组首地址*/
    for(i=0;i<3;i++)             /*通过循环输出所有元素*/
    {
        for(j=0;j<4;j++)
            printf("%5d",*p++);
        printf("\n");
    }
}
```

运行结果：

```
1       2       3       4
5       6       7       8
9       10      11      12
```

指针变量p指向数组元素a[0][0]，p的值加1使指针移动，指向当前元素的下一个元素，通过循环依次输出二维数组中的所有元素。

灵活运用各种形式指针可以提高程序运行的效率和解决各种实际问题。

（三）二维数组作函数参数

用函数处理二维数组，对应的形参既可以是相同类型的二维数组，也可以是一个相同类型的行指针变量。

【例9-11】利用函数计算二维数组的每一行的平均值，并保存到一维数组中。

```
void avg(int(*p)[4],float a[],int n)
{
```

```
    int i,j;
    for(i=0;i<n;i++)
    {
        a[i]=0;
        for(j=0;j<4;j++)
            a[i]+=p[i][j];
        a[i]/=4.0;
    }
}
void main()
{
    float aver[3];                           //存放平均值的一维数组
    int i,arr[][4]={ {12,34,65,26},
                     {8,24,76,45},
                     {13,50,47,1}
                   };                        //定义二维数组并初始化
    avg(arr,aver,3);                         //函数调用，数组名作参数
    for(i=0;i<3;i++)
        printf("aver[%d]=%.2f\n",i,aver[i]);
}
```

运行结果：

```
aver[0]=34.25
aver[1]=38.25
aver[2]=27.75
```

说明：

同一维数组名作函数参数一样，当进行函数调用时，实际上是把二维数组的首地址传给形参，此时系统只为形参开辟一个存放地址的存储单元，而不会在调用函数时为形参开辟一系列存放数组的存储单元。

(课)(堂)(实)(践)

编写函数，使用指针计算二维数组中每一行的最大值，并保存到一维数组中。

四、指向字符串的指针

字符串常量是由双引号括起来的字符序列。例如，"a string"就是一个字符串常量，由8个字符组成。在程序中如出现字符串常量，编译程序就给其安排一存储区域，这个区域是静态的，在整个程序运行过程中始终占用，而程序引用的是这段存储区的首地址。

（一）指针和字符串

对于字符串常量的操作，可以采用字符数组和字符指针两种形式实现。

形式1：把字符串常量存放在一个字符数组之中。例如：

```
char s[]="a string";
```

数组s共由9个元素组成，其中s[8]中的内容是'\0'。实际上，在该字符数组定义的过程中，编译程序直接把字符串复写到数组中，即对数组s初始化。

形式2：用字符指针指向字符串，然后通过字符指针访问字符串存储区域。

当字符串常量在表达式中出现时，它被转换成字符串常量存储区域首字符的地址（指针常量）。因此，若定义了一个字符指针cp，则：

```
char *cp;
```

于是可用：

```
cp="a string";
```

使cp指向字符串常量中的第0号字符a，如图9-7所示。

图9-7　指向字符串的指针

这样，以后可通过cp访问这一存储区域，如*cp或cp[0]就是字符a，而cp[i]或*(cp+i)就相当于字符串的第i个字符。

【例9-12】输出字符串中n个字符后的所有字符。

```
void main()
{
    char *ps="this is a book";
    int n=10;
    ps=ps+n;
    printf("%s\n",ps);
}
```

运行结果：

```
book
```

程序说明：

在程序中对ps初始化时，即把字符串首地址赋予ps，当ps=ps+10时，ps指向字符 "b"，因此输出为"book"。

（二）字符指针在字符串中的使用

字符指针作参数，实现对字符串的操作。

【例9-13】用字符数组作参数。删除字符串前n个字符并输出。

```
#include<stdio.h>
void del_str(char *s,int n)
{
    char *p=s;
```

```
        if(n>strlen(s))              /*如果n大于字符串的长度,直接删除所有字符*/
        {
            p[0]='\0';
            return;
        }
        s+=n;
        while(*p++=*s++);            /*循环复制,直到最后将'\0'也复制过去*/
}
void main()
{
    char str[]="abcdef1234567890";
    int x=5;
    del_str(str,x);
    puts(str);
}
```

运行结果:

```
f1234567890
```

说明:

用字符数组和字符指针变量都可实现字符串的存储和运算。但是两者是有区别的:

（1）字符串指针变量本身是一个变量,用于存放字符串的首地址。而字符串本身存放在以该首地址为首的一块连续的内存空间中;字符数组是由若干个数组元素组成的,它用来存放整个字符串。

（2）对字符串指针方式:

```
char *ps="C Language";
```

可以写为:

```
char *ps;
ps="C Language";
```

而对数组方式:

```
char st[]="C Language";
```

不能写为:

```
char st[20];
st="C Language";
```

只能对字符数组的各元素逐个赋值。

（3）对指针变量可以直接赋值。

```
char *ps="C Langage";
```

或者

```
char *ps;
```

```
ps="C Language";
```

都是合法的。

课堂实践

　　编写程序，计算字符串的长度。

五、动态存储分配

　　前面学习了数组。使用数组存储数据时，数组的长度需要预先定义好，在整个程序运行过程中固定不变。但在很多情况下，并不能事先确定要使用多大的数组，导致数组定义大了，浪费存储空间；定义小了，存储空间不够。如何解决这个问题呢？这就需要动态内存分配。

（一）malloc( )函数
　　函数原型为：

```
void *malloc(unsigned int size);
```

　　调用形式：

```
(类型说明符*)malloc(size)
```

　　功能：在内存的动态存储区中分配一块长度为size字节的连续区域。函数的返回值为该区域的首地址。

　　说明：

> ➤（类型说明符*）表示把返回值强制转换为该类型指针。

> ➤ "size" 是一个无符号数。

　　例如：

```
p1=(char *)malloc(2);
```

　　表示分配一个大小为2字节的内存空间，并强制转换为字符类型，函数的返回值为指向该字符型的指针，把该指针赋予指针变量p1。

　　例如：

```
p2=(int *)malloc(sizeof(int));
```

　　表示分配大小为1个int字节的内存空间，并强制转换为整型，函数的返回值为指向该整型的指针，把该指针赋予指针变量p2。

　　【例9-14】利用malloc( )函数开辟动态存储单元，存放输入的3个整数，然后按从小到大的顺序输出这3个数。

```
#include<stdio.h>
#include<stdlib.h>                  //动态开辟函数调用的头文件
void sort(int *p1,int *p2,int *p3)  //自定义函数，定义3个指针变量作形参
{
    int t;
    if(*p1>*p2)                     //两两比较
```

```
    {t=*p1;*p1=*p2;*p2=t;}
    if(*p1>*p3)
    {t=*p1;*p1=*p3;*p3=t;}
    if(*p2>*p3)
    {t=*p2;*p2=*p3;*p3=t;}
}
void main()
{
    int *p1,*p2,*p3;
    p1=(int *)malloc(sizeof(int));    //动态开辟1个大小为int的存储空间
    p2=(int *)malloc(sizeof(int));
    p3=(int *)malloc(sizeof(int));
    scanf("%d",p1);                    //输入整数
    scanf("%d",p2);
    scanf("%d",p3);
    sort(p1,p2,p3);                    //调用自定义函数，实现排序
    printf("%d<%d<%d\n",*p1,*p2,*p3);
    free(p1);                          //free()函数用于释放指针变量所指向的空间
    free(p2);
    free(p3);
}
```

运行结果：

```
32   56   11<回车>
11<32<56
```

程序说明：

（1）在使用动态存储函数时，必须在程序开头包含头文件stdlib.h。

（2）malloc()函数一次开辟一个存储单元，当不能确定数据类型所占字节数时，可以使用sizeof运算符求得。

（3）free()函数可以用来释放动态开辟的存储单元。

（二）calloc()函数

函数原型为：

```
void *calloc(unsigned n, unsigned size);
```

调用形式：

```
(类型说明符*)calloc(n, size)
```

功能：在内存动态存储区中分配n块长度为size字节的连续区域。函数的返回值为该区域的首地址。

说明：calloc()函数与malloc()函数的区别仅在于一次可以分配n块区域。

例如：

```
p=(int *)calloc(3,sizeof(int));
```

分配3个大小为int类型的存储单元，强制转换为int类型，并把其首地址赋予指针变量p。

【例9-15】利用calloc( )函数开辟动态存储单元，存放输入的n个整数，然后按从小到大的顺序输出这n个数。

```c
#include<stdio.h>
#include<stdlib.h>                      //动态开辟函数调用的头文件
void sort(int *p,int n)                 //自定义函数，定义1个指针变量作形参
{
    int t,i,j;
    for(i=0;i<n-1;i++)                  //冒泡法比较
        for(j=0;j<n-i-1;j++)
            if(p[j]>p[j+1])
            {t=p[j]; p[j]= p[j+1];p[j+1]=t;}
}
void main()
{
    int *p,i,n;
    printf("输入整数个数: ");
    scanf("%d",&n);
    p=(int *)calloc(n,sizeof(int));     //动态开辟n个大小为int的存储空间
    for(i=0;i<n;i++)
        scanf("%d",p+i);                //输入整数
    sort(p,n);                          //调用自定义函数，实现排序
    for(i=0;i<n;i++)
        printf("%d\t",*(p+i));
    printf("\n");
    free(p);
}
```

运行结果：

```
输入整数个数：3<回车>
32  56  11<回车>
11  32  56
```

说明：

（1）calloc( )函数用来实现动态分配n个大小为size的连续空间，函数返回分配的起始地址。

（2）通过指针指向起始地址，相当于动态开辟一个长度为n的一维数组。

课堂实践

利用calloc()函数开辟动态存储单元，存放输入的n个整数，使用选择法排序按从小到大的顺序输出这n个数。

任务实施

任务1

使用指针操作实现：输入10个整数，找出其中的最大数。

1．任务分析

实现步骤如下：

（1）定义数组，用于存放10个整数。

（2）输入10个整数。

（3）调用自定义求最大值函数。函数中以指针作形参，循环比较，求解最大数并返回。

（4）输出最大数。

2．任务实现

```
#include<stdio.h>
#define N   10
int funmax(int *p,int n)          //自定义函数，形参p指针变量指向实参数组
{
    int i,big;
    big=*p;                        //变量big初始化为数组的第一个数组元素
    for(i=1;i<n;i++)               //将其余n-1个数依次与big比较
        if(big<*(p+i)) big=*(p+i);
    return big;
}
void main()
{
    int arr[N],i,max;
    for(i=0;i<N;i++)
        scanf("%d",&arr[i]);       //输入N个整数
    max=funmax(arr,N);             //调用自定义函数求最大值，数组名arr作实参
    printf("max=%d\n",max);
}
```

运行结果

```
1  5  8  9  0  -1  -4  12  3  -21<回车>
max=12
```

任务2

将字符串中的某个字符用指定字符替换。

1．任务分析

实现步骤如下：

（1）定义字符数组用于存储字符串。

（2）输入字符串。

（3）输入原字符及将要替换的字符。

（4）调用自定义替换函数，函数中以字符指针作形参，循环查找原字符，并实现替换。

（5）输出替换后的新字符串。

2. 任务实现

```c
#include<stdio.h>
#define N  20
void funrepl(char *p,char c1,char c2)      //自定义函数，字符指针作形参
{
    int i=0;
    while(p[i]!='\0')                      //当字符串未结束
    {
        if(p[i]==c1)
            p[i]=c2;
        i++;
    }
}
void main()
{
    char str[N],i,oldc,newc;
    printf("请输入字符串: ");
    gets(str);                             //输入一个字符串
    printf("请输入要替换的原字符: ");
    oldc=getchar();
    fflush(stdin);                         //清空缓冲区
    printf("请输入要替换的新字符: ");
    newc=getchar();
    funrepl(str,oldc,newc);                //调用自定义函数，数组str作实参
    printf("替换后的字符串为: %s\n",str);
}
```

运行结果

```
请输入字符串: hello<回车>
请输入要替换的原字符: l<回车>
请输入要替换的新字符: L<回车>
替换后的字符串为: heLLo
```

同步训练

1. 一维数组与指针

（1）指导部分

需求说明：

随机产生15个0~49的随机数存入到数组中，输出其中最大数及所在的下标。

实现思路

➢ 定义一个整型数组，用于保存产生的15个随机整数。

➢ 调用C库函数中的随机函数，产生0～49的随机整数，存入到数组中。

➢ 循环查找其中的最大数及最大数所在下标，存入到变量max、maxi中。

➢ 输出15个随机整数和其中的最大数及最大数所在下标。

参考代码：

```c
#include<stdio.h>
#include<stdlib.h>
#include<time.h>
#define N  15
void findmax(int *p,int n)
{
    int i,max,maxi;
    srand(time(0));                              /*设置随机数种子*/
    max=p[0]=rand()%50;                          /*产生第1个随机数*/
    maxi=0;
    printf("output 15 rand numbers:\n");
    printf("%d\t",p[0]);
    for(i=1;i<n;i++)
    {
        p[i]=rand()%50;
        if(max<p[i])
        {
            max=p[i];
            maxi=i;
        }
        printf("%d\t",p[i]);
        if((i+1)%5==0)  printf("\n");            /*每5个换行*/
    }
    printf("\n最大数=%d,最大数下标=%d\n",max,maxi);
}
void main()
{
    int arr[N];
    findmax(arr,N);                   /*产生随机数存入数组中，并找出其中的最大数并输出*/
}
```

（2）练习部分

需求说明：

在指导部分的基础上，产生15个50～100的随机整数，输出所有随机数和最小数及最小数所在的下标。

2．二维数组与指针

（1）指导部分

需求说明：

分别输入4个学生的数学、语文、英语3门课程的成绩，求每个学生的总成绩和平均成绩。

实现思路：

➢ 定义一个4行3列的二维数组，用来存放4个学生3门课程的成绩。

➢ 定义一个包括4个元素的一维数组，用来存放4个学生的总分。

➢ 输入4个学生的成绩。

➢ 计算4个学生的总分和平均分并输出。

参考代码：

```c
#include<stdio.h>
#define N 4
#define M 3
void getscore(int(*p)[M],int *q,int n,int m)
{
    int i,j,sum;
    printf("input %d*%d scores:\n",N,M);
    printf("数学 语文 英语\n");
    for(i=0;i<n;i++)
    {
        sum=0;
        for(j=0;j<m;j++)
        {
            scanf("%d",&p[i][j]);          /*输入成绩*/
            sum+=p[i][j];                  /*计算每个学生的平均分*/
        }
        q[i]=sum;                          /*平均分存入到一维数组*/
    }
}
void main()
{
    int score[N][M],sum[N],i,j;
    getscore(score,sum,N,M);               /*函数调用*/
    printf("All students score:\n");
    printf("序号\t数学\t语文\t英语\t总分\t平均分\n");
    for(i=0;i<N;i++)
    {
        printf("%d:\t",i+1);
        for(j=0;j<M;j++)
            printf("%d\t",score[i][j]);
        printf("%d\t%.2f\n",sum[i],sum[i]/3.0);
```

```
        }
    }
}
```

运行结果如图9-8所示。

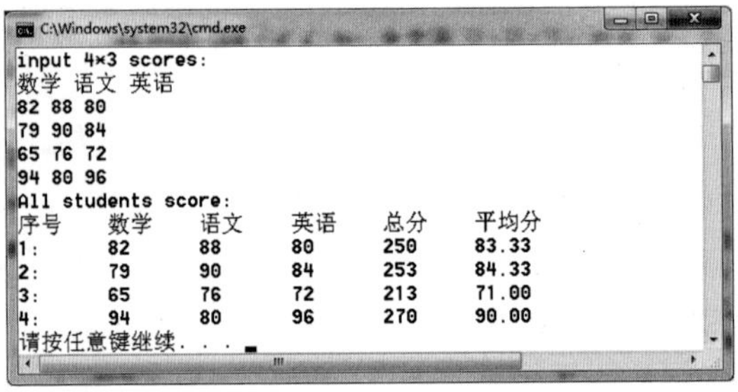

图 9-8　运行结果

（2）练习部分

需求说明：

喜羊羊、红太狼参加森林歌手大赛，8个评委为他们进行打分。编写C语言程序，用指针计算他们的最终平均分（去掉一个最高分和一个最低分）。

提示：

➢ 程序中涉及喜羊羊和红太狼各8次的得分及平均分，所以需要定义一个二维数组，分别存放喜羊羊、红太狼得分情况及平均分。

➢ 在主函数中输入两个选手得分。

➢ 定义并调用自定义函数，求两个选手的平均分。

➢ 在主函数中输出两个选手的平均分。

运行结果：

```
输入：
7 8 8 9 9 9 8  5<回车>
5 5 6 6 6 7 8  7<回车>
输出：
喜羊羊最后得分=8.17，红太狼最后得分=6.17
```

3．字符串与指针

（1）指导部分

需求说明：

原文变密码。原文变密码的规则是：Z变X，z变x，即变成该字母前面的第二个字母，而A变Y，a变y，B变Z，b变z。原文中不是字母的字符不变。

实现思路：

➢ 定义一个存放字符串的一维数组。

➢ 输入字符串，以'\0'结束。

➢ 依次判断字符是否是C—Z或c—z字母，若是则字符减2。

> 如果是前两个字母，则字符加24。

> 输出密码。

参考代码：

```c
#include<stdio.h>
void main()
{
    char str1[80],str2[80];
    char ch;
    int i;
    printf("input a string:\n");
    gets(str1);
    i=0;
    while(str1[i]!='\0')
    {
        ch=str1[i];
        if(ch>='c'&&ch<='z'||ch>='C'&&ch<='Z')    /*判断ch是否是C—Z或c—z字母*/
            ch-=2;
        else if(ch=='A'||ch=='B'||ch=='a'||ch=='b') /*如果是前两个字母，则字符加24*/
            ch+=24;
        str2[i]=ch;
        i++;
    }
    str2[i]='\0';                               /*循环结束，在密码字符串末尾加'\0'结束*/
    printf("output password:\n");
    puts(str2);
}
```

运行结果：

```
input a string:
This is a book!
output password:
Rfgq gq y zmmi!
```

（2）练习部分

需求说明：

输入一行文字，统计其中大写字母、小写字母、空格及数字字符的个数。

提示：

> 输入的字符串以'\0'为结束标志。

> 注意判断大写字母、小写字母、空格及数字字符的条件。

习　题

一、选择题

1. 以下叙述中错误的是（　　）。

    A. 可以给指针变量赋一个整数作为地址值

    B. 函数可以返回地址值

    C. 改变函数形参的值，不会改变对应实参的值

    D. 当在程序的开头包含头文件 stdio.h 时，可以给指针变量赋 NULL

2. 设已有定义：float x;，则以下对指针变量 p 进行定义且赋初值的语句中正确的是（　　）。

    A. int *p = (float)x;   B. float *p = &x;

    C. float p = &x;   D. float *p = 1024;

3. 若有定义语句：double a,*p = &a;，以下叙述中错误的是（　　）。

    A. 定义语句中的 * 号是一个间址运算符

    B. 定义语句中的 * 号是一个说明符

    C. 定义语句中的 p 只能存放 double 类型变量的地址

    D. 定义语句中，*p = &a 把变量 a 的地址作为初值赋给指针变量 p

4. 有以下程序：

```
#include<stdio.h>
main()
{
    int   n,*p=NULL;
    *p=&n;
    printf("Input n:");scanf("%d",&p);printf("output n:");printf("%d\n",p);
}
```

该程序试图通过指针 p 为变量 n 读入数据并输出，但程序有多处错误，以下语句正确的是
（　　）。

    A. int n,*p = NULL;   B. *p = &n;

    C. scanf("%d",&p)   D. printf("%d\n",p);

5. 若有定义语句：double x,y,*px,*py;，执行了 px = &x; py = &y;后，正确的输入语句是（　　）。

    A. scanf("%lf %le",px,py);   B. scanf("%f %f" &x,&y);

    C. scanf("%f %f",x,y);   D. scanf("%lf %lf",x,y);

6. 有以下函数：

```
int fun(char   *s)
{
    char   *t=s;
    while(*t++);
    return(t-s);
}
```

该函数的功能是( )。

    A. 计算 s 所指字符串的长度

    B. 比较两个字符串的大小

    C. 计算 s 所指字符串占用内存字节的个数

    D. 将 s 所指字符串复制到字符串 t 中

7. 有以下程序：

```
#include<stdio.h>
#include<stdlib.h>
int fun(int n)
{
    int *p;
    p=(int*)malloc(sizeof(int));
    *p=n; return *p;
}
main()
{
    int a;
    a=fun(10);    printf("%d\n",a+fun(10));
}
```

程序的运行结果是( )。

    A. 0   B. 10   C. 20   D. 出错

8. 有以下程序：

```
#include<stdio.h>
void swap(char *x,char *y)
{
    char t;
    t=*x; *x=*y; *y=t;
}
main()
{
    char *s1="abc",*s2="123";
    swap(s1,s2); printf("%s,%s\n",s1,s2);
}
```

程序执行后的输出结果是( )。

    A. 321,cba   B. abc,123   C. 123,abc   D. 1bc,a23

9. 有以下程序：

```
#include<stdio.h>
void fun(int a[],int n)
{
```

```
        int i,t;
        for(i=0; i<n/2; i++)
        { t=a[i];  a[i]=a[n-1-i];  a[n-1-i]=t; }
    }
main()
{   int k[10]={ 1,2,3,4,5,6,7,8,9,10},i;
    fun(k,5);
    for(i=2; i<8; i++) printf("%d",k[i]);
    printf("\n");
}
```

程序的运行结果是(   )。

    A. 321678   B. 876543   C. 1098765   D. 345678

10. 执行以下程序的输出结果是(   )。

```
#include<stdio.h>
#define    N    4
void fun(int a[][N],int b[])
{
    int i;
    for(i=0; i<N; i++)
    b[i]=a[i][i]-a[i][N-1-i];
}
main()
{
    int x[N][N]={{1,2,3,4},{5,6,7,8},{9,10,11,12},{13,14,15,16}},y[N],i;
    fun(x,y);
    for(i=0; i<N; i++)
    printf("%d,",y[i]);
    printf("\n");
}
```

    A. −3,−1,1,3,   B. −12,−3,0,0,

    C. 0,1,2,3,   D. −3,−3,−3,−3,

二、填空题

1. 以下程序段的输出结果是_____。

```
int *var,ab;
ab=100;var=&ab;ab=*var+10;
printf("%d\\n",*var);
```

2. 执行以下程序的输出结果是_____。

```
int ast(int x,int y,int *cp,int *dp)
{
```

```
    *cp=x+y;
    *dp=x-y;
}
main()
{
    int a,b,c,d;
    a=4; b=3;
    ast(a,b,&c,&d);
    printf("%d %d\\n",c,d);
}
```

3. 若有定义：char ch;

（1）使指针 p 可以指向变量 ch 的定义语句是_____。

（2）使指针 p 可以指向变量 ch 的赋值语句是_____。

（3）通过指针 p 给变量 ch 读入字符的 scanf( ) 函数调用语句是_____。

（4）通过指针 p 给变量 ch 赋字符的语句是_____。

（5）通过指针 p 输出 ch 中字符的语句是_____。

4. 若有 int a[5]={1,2,3,4,5},*p,*s; p=&a[1];

（1）通过指针 p，给 s 赋值，使其指向存储单元 a[2] 的语句是_____。

（2）已知 k=2，指针 s 已指向存储单元 a[2]，表达式 *(s+k) 的值是_____。

（3）指针 s 已指向存储单元 a[2]，不移动指针 s，通过 s 引用存储单元 a[3] 的表达式是_____。

（4）指针 s 已指向存储单元 a[2]，p 指向存储单元 a[0]，表达式 s-p 的值是_____。

（5）若 p 指向存储单元 a[0]，则以下语句的输出结果是_____。

```
for(i=0;i<5;i++)
printf("%d ",*(p+i));
printf("\n");
```

三、操作题

1. 给定程序的功能是：将 n 个人员的考试成绩进行分段统计，考试成绩放在数组 a 中，各分段的人数存到数组 b 中。成绩为 60～69 的人数存到 b[0] 中，成绩为 70～79 的人数存到 b[l] 中，成绩为 80～89 的人数存到 b[2] 中，成绩为 90～99 的人数存到 b[3]，成绩为 100 的人数存到 b[4] 中，成绩为 60 分以下的人数存到 b[5] 中。

例如，当数组 a 中的数据是：93、85、77、68、59、43、94、75、98。调用该函数后，数组 b 中存放的数据应是：1、2、1、3、0、2。

```
#include<stdio.h>
void fun(int a[ ],int b[ ],int n)
{
    int i;
    for(i=0;i<6;i++)
        b[i]=0;
```

```
    for(i=0;i<_____; i++)
    if(a[i]<60)
    {
        b[5]++;
        _____
        b[(a[i]-60)/10]++;
    }
}
main( )
{
    int i,a[100]={93,85,77,68,59,
    43,94,75,98},b[6];
    fun(_____,9);
    printf("the result is: ");
    for(i=0;i<6;i++)
        printf("%d",b[i]);
    printf("\n");
}
```

2. fun() 函数的功能是将元素个数为 n 的一维数组左移 m 个元素，将程序补充完整。

```
#include<stdio.h>
void fun(int *p,int n,int m)
{//将程序补充完整




}
void main()
{
    int a[]={1,2,3,4,5,6,7,8,9,10},i;
    fun(a,10,3);
    for(i=0;i<10;i++)
        printf("%d\t",a[i]);
    printf("\n");
}
```

单元 10
结构体和用户自定义类型

知识目标

➤理解使用typedef定义类型的作用及目的。

➤掌握用typedef说明一种新类型名的方法。

➤理解结构体作为构造类型的特征，区分结构体类型说明和变量定义的不同含义。

➤掌握结构体变量、数组和指针的定义方式。

➤熟悉链表的创建过程。

能力目标

➤会使用typedef定义并正确使用新类型名。

➤会正确进行结构体类型的说明。

➤会访问结构体成员。

➤会定义链表结点。

➤会创建单向链表。

任务描述

任务1：输入n个学生的学号、姓名、四科成绩，计算每个学生的平均分，最后输出n个学生的所有信息。

任务2：已知head指向一个带头结点的单向链表，链表中每个结点包含数据域（data）和指针域（next），数据域为整型。编写程序，在链表中查找数据域的最大值。

相关知识

"结构体"是一种构造类型，它是由若干"成员"组成的。每个成员可以是一个基本数据类型或者又是一个构造类型。结构体是一种"构造"而成的数据类型，在说明和使用之前必须先定义。

一、结构体

一组数据往往由一些不同数据类型的数据所构成，例如，某公司要对职工信息进行管理，一名职工的信息包括职工号、姓名、性别、年龄、学历、工资、住址、电话等，对于这些数据，用单一数据类型是没办法表示出来的，且缺乏整体性。C语言中的结构体能够实现这一功能。

（一）结构体的定义

结构体类型是将若干基本类型组织在一起而形成的一个复杂的构造类型。

定义结构体类型的一般形式为：

```
struct 结构体名
{
    成员表列
};
```

成员表列由若干个成员组成，每个成员都是该结构的一个组成部分。对每个成员也必须作类型说明，其形式为：

```
类型名  成员名;
```

说明：

（1）"结构体名"是用户定义的结构体的名称，命名规则遵循自定义标识符规则，在定义结构体变量时，使用该名称进行类型标识。

（2）"成员表列"是对结构体数据中每个数据项成员变量的说明，其格式与说明一个变量的一般格式相同。

（3）"struct"是关键字，"struct 结构体名"是结构体类型标识符，在类型定义和类型使用中struct不能省略。

（4）结构体标识名可以省略，此时定义的结构体为无名结构体。

（5）整个结构体类型的定义作为一个完整的语句用分号结束。

（6）结构体成员名允许和程序中的其他变量同名。

例如，某学生成绩记录包括姓名、性别、5门单科成绩：

```
struct student
{
    char name[20];
    char sex;
    float score[5];
};
```

【例10-1】定义结构体类型，编程计算某同学5门课的平均分。

```
#include<stdio.h>
struct stu
{
    char name[20];
```

```
    float score[5];
    float average;
};
void main()
{
    struct stu st={"Wang Li",90.5,80,72,96,88.5};
    int i;
    float sum=0;
    for(i=0;i<5;i++)
        sum+=st.score[i];
    st.average=sum/5;
    printf("%s : %4.1f\n",st.name,st.average);
}
```

运行结果：

```
Wang  Li : 85.4
```

（二）结构体变量的定义

定义结构体变量一般有三种方法：

（1）先定义结构体类型，再定义变量。例如：

```
struct student
{
    long num;
    char name[20];
    int age;
};
struct student stu1,stu2;
```

（2）定义类型的同时定义变量。例如：

```
struct student
{
    long num;
    char name[20];
    int age;
}stu1,stu2;
```

（3）省略结构体类型名，同时定义变量。例如：

```
struct
{
    long num;
    char name[20];
    int age;
}stu1,stu2;
```

变量stu1和stu2在内存中所占字节数如图10-1所示。

&stu1	long num	4字节
	char name[20]	20字节
	int age	4字节
&stu2	long num	4字节
	char name[20]	20字节
	int age	4字节

图 10-1　变量 stu1 和 stu2 在内存中所占字节数

说明：

（1）系统只为结构体变量分配内存空间，字节总数为变量所包含的各个成员变量所占字节数之和。

（2）结构体变量中的成员可以单独使用，它的作用与地位相当于一般变量。

（三）结构体变量的引用与初始化

对结构体变量的使用，包括赋值、输入、输出、运算等，一般都通过结构体变量的成员实现。

1. 使用 "." 成员运算符引用结构体变量成员

【例10-2】定义一个结构体类型student和一个结构体变量stu，用于存储和显示一个学生的基本情况。

```
struct date
{                               //定义结构体类型date
    int year;                   //年
    int month;                  //月
    int day;                    //日
};
struct student                  //定义结构体类型student
{
    long num;                   //学号
    char name[20];              //姓名
    struct date birthday;       //嵌套结构体类型，出生年月
 };
void main()
{
    struct student stu={100002,"Zhang",{2001,8,11}};
    printf("No: %ld\n",stu.num);
    printf("Name: %s\n",stu.name);
    printf("Birthday: %d-%d-%d\n",stu.birthday.year,stu.birthday.month,
stu.birthday.day);
 }
```

运行结果：

```
No: 100002
Name: Zhang
Birthday: 2001-8-11
```

说明：

（1）结构体变量要通过成员运算符 "."，逐个访问其成员，且访问的格式为：

结构体变量.成员

（2）结构变量赋值和初始化。

①通过结构体成员变量逐一赋值。例如：

```
struct student stu1,stu2;
stu1.num=100002;
strcpy(stu.name,"Zhang");
```

②可以对结构体变量用另一相同结构体类型的变量整体赋值。例如：

```
struct student stu1,stu2;
stu1=stu2;
```

③结构体变量初始化的格式，与一维数组相似：

结构变量={初值表}

2．使用 "->" 成员运算符引用结构体变量成员

【例10-3】结构指针变量的说明和使用方法。

```
#include<studio.h>
struct student
{
    long num;
    char name[20];
    int age;
};
void main()
{
    struct student stu={100002,"Zhang",18},*pstu=&stu;
    printf("No: %ld\n",(*pstu).num);
    printf("Name: %s\n",pstu->name);
    printf("Age: %d\n",pstu->age);
}
```

运行结果：

```
No: 100002
Name: Zhang
Age: 18
```

说明：

（1）结构指针变量说明的一般形式为：

```
struct 结构名   *结构指针变量名
```

（2）结构体变量要通过成员运算符"->"，逐个访问其成员，且访问的格式为：

```
结构体变量->成员
```

或

```
(*结构指针变量).成员名
```

二、结构体数组

数组元素也可以是结构类型。因此可以构成结构体类型数组。结构体数组的每个元素都是具有相同结构类型的下标结构变量。在实际应用中，经常用结构体数组来表示具有相同数据结构的一个群体。如一个班的学生档案，一个车间职工的工资表等。

（一）结构体数组的定义及初始化

【例10-4】定义一个student类型的结构体数组stu，用于存储和显示三个学生的基本情况。

```
struct student
{
    long num;
    char name[20];
    int age;
};
void main()
{
    int i;
    struct student stu[3]={
                            {100002,"Zhang",18},
                            {100003,"Qian",19},
                            {100004,"Sun",18}
                          };
    //定义了一个结构体数组stu，每个元素类型均为student结构体类型
    for(i=0; i<3; i++)
    {
        printf("%ld\t",stu[i].num);
        printf("%s\t",stu[i].name);
        printf("%d\n",stu[i].age);
    }
}
```

运行结果：

```
100002   Zhang   18
100003   Qian    19
100004   Sun     18
```

（二）指向结构体数组的指针

指针变量可以指向一个结构数组，这时结构指针变量的值是整个结构数组的首地址。结构指针变量也可指向结构数组的一个元素，这时结构指针变量的值是该结构数组元素的首地址。

【例10-5】用指针变量输出结构体数组。

```
struct student
{
    long num;
    char name[20];
    int age;
};
void main()
{
    int i;
    struct  student stu[3]={
                            {100002,"Zhang",18},
                            {100003,"Qian",19},
                            {100004,"Sun",18}
                        };
    struct student *ps;
    printf("No\tName\t\tAge\n");
    for(ps=stu;ps<stu+3;ps++)
        printf("%ld\t%s\t%d\n",ps->num,ps->name,ps->age);
}
```

运行结果：

```
No       Name    Age
100002   Zhang   18
100003   Qian    19
100004   Sun     18
```

三、用户自定义类型

C语言用typedef说明一种新的类型名，或对已有基本数据类型重新命名。

一般格式：

```
typedef <基本类型名> <新类型名>;
```

例如：

```
typedef int INTEGER;
```

功能：将整型int重新命名为INTEGER。

说明：

typedef只定义了一个数据类型的新名称，而不是定义一种新的数据类型。也可以用typedef说明一个结构体类型。例如：

```
typedef struct student
{
    long num;
    char name[20];
    int age;
}STU;
```

功能：将结构体类型struct student重新命名为STU。

四、链表

链表是结构体类型的重要应用。它是一种常见的重要的数据结构，能动态地进行存储分配。图10-2所示为一个单链表。该链表由若干个结构相同的"结点"和一个"头指针"变量组成。

head：表示单链表的头指针变量，它存放单链表第一个结点的地址。

结点：单链表的每个存储单元。由数据域+指针域组成。

数据域：用来存放用户需要用到的实际数据。

指针域：用来存放下一个结点的地址，最后一个结点的指针域存放空地址（用NULL表示）。

由图10-2可知：单链表就是用来将物理地址不连续的内存空间，通过"指向"关系变成逻辑上连续的内存空间。

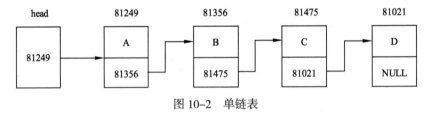

图 10-2　单链表

单链表的结点也可以用结构体类型描述，如图10-3所示，每个结点存放一个学生的学号、姓名和成绩。

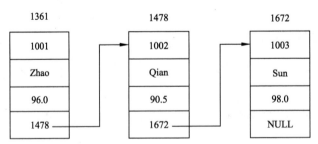

图 10-3　用结构体描述的单链表结点

如图10-3所示单链表结点可用结构体类型描述为：

```
struct node
{
    int num;                //学号
    char name[10];          //姓名
```

```
    float score;                      //成绩
    struct node *next;                //下一个结点的地址
};
```

【例10-6】建立一个链表，存放学生数据，包括学号和年龄。学号为-1时输入结束。输出该链表。

```
#include<stdio.h>
#include<stdlib.h>
typedef struct stu
{
    int num;                          //学号
    int age;                          //年龄
    struct stu *next;
}ST;
ST *creat()
{
    ST *h,*p,*q;                      //h为头指针，p、q为前后相邻的两个可移动指针
    int n,a;                          //n、a分别存放输入的学号和年龄
    h=(ST *)malloc(sizeof(ST));
    q=h;
    printf("input num and  age\n");
    scanf("%d%d",&n,&a);              //输入学号和年龄
    while(n!=-1)                      //当学号不等于-1进入循环
    {
        p=(ST *)malloc(sizeof(ST));  //生成一个新结点
        p->num=n;                     //读入的学号存放到结点的学号域
        p->age=a;                     //读入的年龄存放到结点的学号域
        q->next=p;                    //新结点连接到表尾
        q=p;                          //q指向当前表尾
        printf("input num and  age\n");
        scanf("%d%d",&n,&a);          //读入学号、年龄
    }
    q->next='\0';                     //设置链表结束标志
    return(h);                        //返回头指针
}
void prin(ST *h)                      //头指针作形参
{
    ST *p;                            //定义可移动的指针p
    p=h->next;                        //p指针指向头结点后的第1个结点
    if(p=='\0')                       //判断链表是否为空
        printf("空链表\n");
    else
        do
```

```
                {
                    printf("%d\t%d\n",p->num,p->age);      //输出当前结点的学号年龄
                    p=p->next;                              //p指向下一个结点
                }
            while(p!='\0');                                 //循环判断是否到链表表尾
    }
void main()
{
    ST *head;
    head=creat();                                           //调用函数，创建链表
    prin(head);                                             //调用函数，显示结点
}
```

运行结果：

```
input num and  age
1001 18
input num and  age
1002 19
input num and  age
1003 20
input num and  age
-1  -1
1001    18
102     19
1003    20
```

该程序实现了链表的两个基本操作，创建链表和输出链表结点。creat( )函数用于建立一个链表，它是一个指针函数，返回一个指向ST结构类型的指针。prin( )函数用于输出链表中的所有结点。其中，指针域是否为NULL也是判断链表是否结束的重要标志。

链表的操作还包括插入结点和删除结点。

插入结点的关键代码如下：

```
ST   *s,*p,*q;                    //p指向q的后继结点
s=(ST *)malloc(sizeof(ST));       //生成一个新结点
s->num=n;                         //读入的学号存放到结点的学号域
s->age=a;                         //读入的年龄存放到结点的学号域
...                               //循环查找新结点的插入位置
s->next=p;                        //s的后继结点指向p
q->next=s;                        //q的后继结点指向s
```

删除结点，首先要找到待删除的结点，然后实现删除操作。关键代码如下：

```
ST   *p,*q;                       //p指向q的后继结点
...                               //循环查找删除的结点，p指针指向待删除结点
q->next=p->next;                  //q指针指向p的后继结点
```

```
free(p);                          //释放p指针指向的结点
```

单链表和数组的作用类似，都可以用来存储多个相同类型的数据，但是也有区别，主要有以下几点：

（1）数组元素的存储空间是在程序运行之前分配的，即"静态分配"，而单链表结点的存储空间是在程序运行过程中分配的，即"动态分配"。

（2）数组元素在内存中是连续存放的，而单链表的结点在内存中通常是不连续的，结点之间通过指针域形成逻辑上的先后次序。

（3）数组元素可以通过下标随机访问，而单链表的结点只能从前往后顺序访问。

相对于数组，单链表的优点表现在：

①节省存储空间，单链表的结点是动态分配的，需要的时候为它分配存储空间，不需要的时候释放存储空间，提高了内存空间的使用效率。

②便于插入和删除，在插入和删除结点的时候，只需要改变相应结点的指向关系，而在数组中插入/删除元素时，需要做大量的移动操作。

课堂实践

编写插入函数，实现在学号 x 的结点前插入学号为 y 的学生信息，若学号 x 的结点不存在，则插入到表尾。

编写删除函数，实现删除链表中学号为 x 的学生信息。若学号为 x 的结点不存在，则显示"该学号不存在"信息。

任务实施

任务1

输入n个学生的学号、姓名、四科成绩，计算每个学生的平均分，最后输出n个学生的所有信息。

1. 任务分析

实现步骤如下：

➢ 定义结构体数组，用于存放n个学生的信息。

➢ 输入n个学生的信息。

➢ 计算n个学生的平均分。

➢ 输出n个学生的信息。

2. 任务实现

```c
#include<stdio.h>
#include<stdlib.h>
#define N  2
typedef struct stud
{
    char num[5],name[10];                    //成员变量：学号、姓名
```

```
        int s[4];                                      //四科成绩
        double ave;                                    //平均分
}STU;
void readrec(STU *p)                                   //函数定义，实现输入及计算平均分
{
        int i,j;
        for(i=0;i<N;i++)
        {
            p[i].ave=0;                                //设置平均分的初值为0
            printf("input NO:");
            gets(p[i].num);                            //输入学生学号
            printf("input Name:");
            gets(p[i].name);                           //输入学生姓名
            printf("input 4 scores:\n");
            for(j=0;j<4;j++)                           //循环输入学生的四科成绩
            {
                scanf("%d",&p[i].s[j]);
                p[i].ave+=p[i].s[j];                   //四科成绩累加求和
            }
            p[i].ave/=4.0;                             //计算该学生的平均分
            fflush(stdin);                             //清空缓冲区
        }
}
void writerec(STU *p)                                  //函数定义，实现学生信息输出
{
        int i,j;
        printf("学号\t姓名\t成绩1\t成绩2\t成绩3\t成绩4\t平均分\n");
        for(i=0;i<N;i++)
        {
            printf("%s\t%s\t",p[i].num,p[i].name);     //输出学生的学号、姓名
            for(j=0;j<4;j++)                           //输出学生的四科成绩
                printf("%d\t",p[i].s[j]);
            printf("%.2f\n",p[i].ave);                 //输出学生的平均分
        }
}
void main()
{
        STU student[N];                                //定义结构体数组
        readrec(student);                              //函数调用，实现输入和计算平均分功能
        writerec(student);                             //函数调用，实现输出学生信息功能
}
```

运行结果

```
input NO:1001<回车>
input Name:张三<回车>
```

```
input 4 scores:
80   81   82   83<回车>
input NO:1002<回车>
input Name:李四<回车>
input 4 scores:
91   92   93   94<回车>
```

学号	姓名	成绩1	成绩2	成绩3	成绩4	平均分
1001	张三	80	81	82	83	81.5
1002	李四	91	92	93	94	92.5

任务2

已知head指向一个带头结点的单向链表，链表中每个结点包含数据域（data）和指针域（next），数据域为整型。编写程序，在链表中查找数据域的最大值。

1. 任务分析

实现步骤如下：

➢ 创建一个链表。

➢ 遍历链表中的每个结点，查找最大值。

➢ 输出最大值。

2. 任务实现

```c
#include<stdio.h>
#include<stdlib.h>
typedef struct node
{
    int data;                           //数据域
    struct node *next;                  //地址域
}NODE;
NODE *creat()                           //创建链表，功能等同于示例10-6
{
    NODE *h,*p,*q;
    int n;
    h=(NODE *)malloc(sizeof(NODE));
    q=h;
    printf("input num :\n");
    scanf("%d",&n);
    while(n!=9999)                      //输入9999时结束循环
    {
        p=(NODE *)malloc(sizeof(NODE));
        p->data=n;
        q->next=p;
        q=p;
        scanf("%d",&n);
```

```
        }
    q->next='\0';
    return(h);
}
int funmax(NODE *h)                     //定义函数，查找最大值并返回
{
    NODE *p;
    int m;
    p=h->next;                          //p指向第1个结点
    m=p->data;                          //m存放第1个结点的数据值
    if(p=='\0')
    {
        printf("空链表\n");
        return;
    }
    else
    {
        for(p=p->next;p!='\0';p=p->next)    //p指向下一个结点，循环比较
            if(m<p->data)
                m=p->data;              //如果m的值小于当前p指向的值，则m重新赋值
        return m;
    }
}
void main()
{
    NODE *head;
    head=creat();                       /*调用函数，创建n个结点*/
    if(funmax(head))                    /*函数调用，查找最大值输出*/
    printf("max=%d\n",funmax(head));
}
```

运行结果

```
input num :<回车>
23   34   56   0   -1   -23    9999<回车>
max=56
```

同步训练

1. 链表的应用

（1）指导部分

需求说明：

用链表来存储学生数据，编写一个简单的学生成绩统计程序，要求该程序具有如下功能：

➢ 菜单显示及选择功能。每个菜单项执行完成后，均可返回到主菜单，直到选择菜单中的退

出项结束程序。

> 数据录入功能。实现录入学生的姓名及3门课的成绩。

> 成绩查询功能。输入学生姓名，可查询该学生各门课的成绩。

> 成绩排序功能。实现对学生按总分排序的功能。

实现思路：

> 实现用链表存放学生成绩的录入，不需要事先定义长度，可以节省内存空间。

> 链表的每个结点是一个结构体类型变量，它包括学生姓名及数学、英语和C语言3门课的成绩。

> 分别定义数据录入、成绩查询、成绩排序函数。

参考代码：

```
#include<stdio.h>
#include<string.h>
#include<stdlib.h>
#define N 4
typedef struct student
{
    char name[10];
    int mark[3];
    struct student *next;
}STU;
STU *input_data();                    /*函数声明*/
void find_data();
void sort_data();
void main()
{
    int n;
    char str[10];
    STU *head;
    while(1)
    {
        printf("***************************************\n");
        printf("1.成绩录入\n");
        printf("2.成绩查询\n");
        printf("3.总分排序\n");
        printf("4.退出\n");
        printf("***************************************\n");
        printf("请选择（1-4）: ");
        scanf("%d",&n);
        switch(n)
        {
            case 1:head=input_data();break;
            case 2:find_data(head);break;
```

```
                case 3:sort_data(head);break;
                case 4:exit(0);
            }
        }
    }
    STU * input_data()                      /*成绩录入*/
    {
        STU *h,*p,*q;
        int i,j;
        printf("输入每个学生的姓名及每门课程的成绩，以回车结束\n");
        p=q=(STU *)malloc(sizeof(STU));
        h=NULL;
        printf("姓名\t数学\t英语\tC语言\n");
        for(i=0;i<N;i++)
        {
            scanf("%s",p->name);            /*输入学生姓名*/
            for(j=0;j<3;j++)
                scanf("%d",&p->mark[j]);    /*输入学生成绩*/
            p->next=NULL;                   /*如果是空表，将结点插入表头*/
            if(h==NULL)
                h=p;
            else                            /*如果是非空表，将结点插入表尾*/
                q->next=p;
            q=p;                            /*q指针指向最后一个结点*/
            p=(STU *)malloc(sizeof(STU));
        }
        q->next=NULL;                       /*q指针结点的指针域赋为空值*/
        return h;
    }
    void find_data(STU *h)                  /*查询学生成绩*/
    {
        STU *p;
        char na[10];
        int m;
        p=h;
        printf("请输入要查询的学生姓名：");
        fflush(stdin);                      /*清空缓冲区*/
        gets(na);
        m=strcmp(p->name,na);               /*输入的姓名na与当前p指针结点的姓名进行比较*/
        while(p!=NULL&&m!=0)                 /*判断到表尾的同时是否找到姓名为na的学生*/
        {
            p=p->next;                      /*p指针后移*/
            m=strcmp(p->name,na);
        }
```

```
        if(p==NULL)
        {
            printf("没有该学生的信息\n");
            printf("按任意键返回菜单......\n");
            getchar();
            return;
        }
        printf("姓名\t数学\t英语\tC语言\n");
        printf("%s\t%d\t%d\t%d\t\n",p->name,p->mark[0],p->mark[1],p->mark[2]);
        printf("按任意键返回菜单......\n");
        fflush(stdin);
}
void sort_data(STU *h)                    /*学生成绩排序*/
{
        int i,j,t;
        STU *p;
        char na1[N][10],na2[10];
        int sum[N];
        p=h;
        for(i=0;i<N;i++)
        {
            strcpy(na1[i],p->name);
            sum[i]=p->mark[0]+p->mark[1]+p->mark[2];
            p=p->next;
        }
        for(i=0;i<N-1;i++)                 /*按从高分到低分排序*/
            for(j=i+1;j<N;j++)
            if(sum[j]>sum[i])
            {
                t=sum[i];
                sum[i]=sum[j];
                sum[j]=t;
                strcpy(na2,na1[i]);
                strcpy(na1[i],na1[j]);
                strcpy(na1[j],na2);
            }
        printf("名次\t姓名\t总分\n");
        for(i=0;i<N;i++)
            printf("%d\t%s\t%d\n",i+1,na1[i],sum[i]);
        printf("按任意键返回菜单......\n");
        fflush(stdin);
}
```

运行结果如图10-4和图10-5所示。

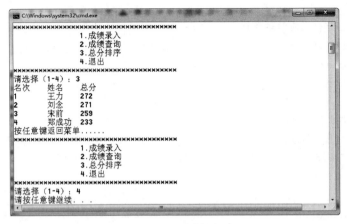

图 10-4　运行结果一

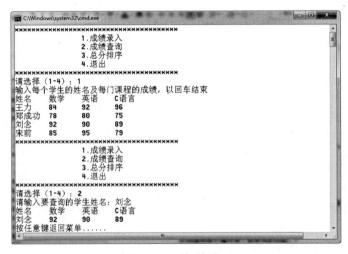

图 10-5　运行结果二

（2）练习部分

制作班级通讯录。包括班级同学学号、姓名、电话号码、QQ号。程序采用菜单选择方式，实现录入、查询、插入、删除、显示、退出等功能。

提示：

仿照指导部分编写每个菜单项的功能。

运行结果如图10-6所示。

图 10-6　运行结果

2. 结构体的应用

练习部分:

把30名学生的学号、姓名、4门课的成绩以及平均分放在一个结构体数组中,学生的学号、姓名、4门课的成绩由键盘输入,计算出平均分放在结构体对应的域中。

提示:结构体类型说明如下。

```
struct    student
{
    char num[5],name[10];
    int  s[4];
    double ave;
};
```

习   题

一、选择题

1. 以下叙述中错误的是(   )。

    A. 可以通过 typedef 增加新的类型

    B. 可以用 typedef 将已存在的类型用一个新的名字代表

    C. 用 typedef 定义新的类型名后,原有类型名仍有效

    D. 用 typedef 可以为各种类型起别名,但不能为变量起别名

2. 下面结构体的定义语句中错误的是(   )。

    A. struct ord {int x; int y; int z;} struct ord a;

    B. struct ord {int x; int y; int z;}; struct ord a;

    C. struct ord {int x; int y; int z;} a;

    D. struct {int x; int y; int z;} a;

3. 设有定义:

```
struct complex
{  int real,unreal;} data1={1,8},data2;
```

则以下赋值语句中错误的是(   )。

    A. data2=(2,6);   B. data2=data1;

    C. data2.real=data1.real;   D. data2.real=data1.unreal;

4. 执行以下程序的输出结果是(   )。

```
#include<stdio.h>
struct S
{  int a, b; } data[2]={10,100,20,200};
main()
{
    struct  S  p=data[1];
```

```
        printf("%d\n",++(p.a) );
}
```

A. 10   B. 11   C. 20   D. 21

5. 执行以下程序的输出结果是（   ）。

```
#include<stdio.h>
typedef struct { int b,p; } A;
void f(A  c)                    /*注意：c是结构变量名*/
{
    int  j;
    c.b+=1;  c.p+=2;
}
void main()
{
    int  i;
    A   a={1,2};
    f(a);
    printf("%d,%d\n",a.b,a.p);
}
```

A. 2,4   B. 1,2   C. 1,4   D. 2,3

6. 执行以下程序的输出结果是（   ）。

```
#include<stdio.h>
struct S{int n;int a[20];  };
void f(struct S  *p)
{
    int i,j,t;
    for(i=0; i<p->n-1; i++)
        for(j=i+1; j<p->n; j++)
            if(p->a[i]>p->a[j])
            {
                t=p->a[i];
                p->a[i]=p->a[j];
                p->a[j]=t;
            }
}
void main()
{
    int i;
    struct S   s={10,{2,3,1,6,8,7,5,4,10,9}};
    f(&s);
    for(i=0; i<s.n; i++)
    printf("%d,",s.a[i]);
}
```

A. 2,3,1,6,8,7,5,4,10,9,   B. 10,9,8,7,6,5,4,3,2,1,

C. 1,2,3,4,5,6,7,8,9,10,   D. 10,9,8,7,6,1,2,3,4,5,

7. 执行以下程序的输出结果是（   ）。

```
#include<stdio.h>
#include<string.h>
typedef struct { char name[9];  char sex;  int score[2];}STU;
STU  f(STU  a)
{
    STU  b={"Zhao",'m',85,90};
    int i;
    strcpy(a.name, b.name);
    a.sex=b.sex;
    for(i=0; i<2; i++ )
    a.score[i]=b.score[i];
    return  a;
}
void main()
{
    STU  c={ "Qian",'f',95,92 },d;
    d=f(c);
    printf("%s,%c,%d,%d,",d.name,d.sex,d.score[0],d.score[1]);
    printf("%s,%c,%d,%d\n",c.name,c.sex,c.score[0],c.score[1]);
}
```

A. Zhao,m,85,90,Qian,f,95,92   B. Zhao,m,85,90,Zhao,m,85,90

C. Qian,f,95,92,Qian,f,95,92   D. Qian,f,95,92,Zhao,m,85,90

二、填空题

1. 以下定义的结构体类型拟包含两个成员，其中成员变量info用来存入整型数据；成员变量link是指向自身结构体的指针。请将定义补充完整。

```
struct node
{
    int info;
    _____link;
};
```

2. 执行以下程序的输出结果是_____。

```
#include<string.h>
#include<stdio.h>
typedef struct student
{
    char name[10];
    long sno;
    float score;
}STU;
```

```
void main( )
{
    STU a={"zhangsan",2001,95},b={"Shangxian",2002,90};
    STU c={"Anhua",2003,95},d,*p=&d;
    d=a;
    if(strcmp(a.name,b.name)>0)
        d=b;
    if(strcmp(c.name,d.name)>0)
        d=c;
    printf("%ld%s\n",d.sno,p->name);
}
```

3. 已有如下定义：

```
struct node
{
    int data;
    struct node *next;
} *p;
```

以下语句调用 malloc( ) 函数，使指针 p 指向一个具有 struct node 类型的动态存储空间。请填空。

```
p=(struct node *)malloc(_____);
```

4. 执行以下程序的输出结果是_____。

```
#include<stdlib.h>
#include<stdio.h>
struct   NODE
{
    int num;
    struct NODE *next;
};
void main()
{
    struct NODE *p,*q,*r;
    p=(struct NODE *)malloc(sizeof(struct NODE));
    q=(struct NODE *)malloc(sizeof(struct NODE));
    r=(struct NODE *)malloc(sizeof(struct NODE));
    p->num=10;q->num=20;r->num=30;
    p->next=q;q->next=r;
    printf("%d\n",p->num+q->next->num);
}
```

5. 执行以下程序的输出结果是_____。

```
typedef union student
{
    char name[10];
```

```
    long sno;
    char sex;
    float score[4];
}STU;
void main()
{
    STU a[5];
    printf("%d\n",sizeof(a));
}
```

6. 执行以下程序的输出结果是_____。

```
struct STU
{
    char name[10];
    int num;
};
void f1(struct STU c)
{
    struct STU b={"LiSiGuo",2042};
    c=b;
}
void f2(struct STU *c)
{
    struct STU b={"SunDan",2044};
    *c=b;
}
void main()
{
    struct  STU a={"YangSan",2041},b={"WangYin",2043};
    f1(a);
    f2(&b);
    printf("%d %d\n",a.num,b.num);
}
```

7. 执行以下程序的输出结果是_____。

```
#include<stdlib.h>
struct NODE
{
    int num;
    struct NODE *next;
};
void main()
{
```

```
    struct NODE *p,*q,*r;
    int sum=0;
    p=(struct NODE *)malloc(sizeof(struct NODE));
    q=(struct NODE *)malloc(sizeof(struct NODE));
    r=(struct NODE *)malloc(sizeof(struct NODE));
    p->num=1;q->num=2;r->num=3;
    p->next=q;q->next=r;r->next=NULL;
    sum+=q->next->num;sum+=p->num;
    printf("%d\n",sum);
}
```

8. 执行以下程序的输出结果是_____。

```
struct s
{
    int x,y;
} data[2]={10,100,20,200};
void main()
{
    struct s *p=data;
    printf("%d\n",++(p->x));
}
```

9. 若有下面的说明和定义：

```
struct test
{
    int ml;
    char m2;
    float m3;
    union uu
    {
        char ul[5];
        int u2[2];
    } ua;
} myaa;
```

则 sizeof(struct test) 的值是_____。

三、操作题

人员的记录由编号和出生年、月、日组成，N 名人员的数据已在主函数中存入结构体数组 std 中，且编号唯一。fun( ) 函数的功能是：找出指定编号人员的数据，作为函数值返回，由主函数输出，若指定编号不存在，返回"数据中的编号为空串"。

请勿改动 main( ) 函数和其他函数中的任何内容，仅在 fun( ) 函数的横线上填入所编写的若干表达式或语句。

```c
#include<stdio.h>
#include<string.h>
#define N 8
typedef struct
{
    char num[10];
    int year,month,day;
} STU;
____【1】____fun(STU *std,char *num)
{
    int i;
    STU a={" ",9999,99,99};
    for(i=0;i<N;i++)
        if(strcmp(____【2】____,num)==0)
            return(____【3】____);
    return a;
}
void main( )
{
    STU std[N]={{"111111",1984,2,15},{"222222",1983,9,21},{"333333",1984,9,1},
{"444444",1983,7,15},{"555555",1984,9,28},{"666666",1983,11,15},{"777777",
1983,6,22},{"888 888",1984,8,19}};
    STU p;
    char n[10]="666666";
    p=fun(std,n);
    if(p.num[0]==0)
    {
        printf("\nNot found !\n");
    }
    else
    {
        printf("\nSucceed !\n ");
        printf("%s %d-%d-%d\n",p.num, p.year,p.month,p.day);
    }
}
```

单元 11
文　件

知识目标

➤掌握文件的概念。

➤理解对数据文件进行输入/输出操作的概念。

➤了解文件的分类。

➤掌握文件指针的定义和使用。

➤掌握对文件操作的函数。

能力目标

➤会使用文件指针。

➤会正确打开文件和关闭文件。

➤会正确对文件进行读出、写入操作。

➤会使用文件定位函数。

任务描述

任务1：输入QQ号，并正确读出。

任务2：录入商品编号、商品名称、商品单价，根据商品编号，读取商品名称、单价。

相关知识

计算机的文件分类方法很多，本单元主要讨论C程序的输入/输出操作所涉及的、存储在外部介质上的文件，这类文件通常称为"数据文件"，并以磁盘作为文件的存储介质。

一、文件概述

文件是为了某种目的系统地把数据组织起来而构成的数据集合体。在C语言中，程序对文件按名来存取。

（一）文件的概念

文件是指存储在外部介质（如磁盘等）上的一组相关数据的有序集合。操作系统是以文件为单位对数据进行管理的，也就是说，如果想找到存储在外部介质上的数据，必须先按文件名找到所指定的文件，再从该文件中读取数据。向外部介质上存储数据也必须先建立一个文件，才能向它输出（写）数据。

读出操作是指将磁盘文件输出到内存中。

写入操作是指将内存中的数据输入到外部介质中。

（二）文件的分类

从不同的角度可对文件作不同的分类。

1. 从用户的角度看，文件可分为普通文件和设备文件

普通文件是指驻留在磁盘或其他外部介质上的一个有序数据集，可以是源文件、目标文件、可执行程序；也可以是一组待输入处理的原始数据，或者是一组输出的结果。对于源文件、目标文件、可执行程序可以称为程序文件，对输入/输出数据可称为数据文件。

设备文件是指与主机相连的各种外围设备，如显示器、打印机、键盘等。在操作系统中，把外围设备也看作一个文件进行管理，把它们的输入/输出等同于对磁盘文件的读和写。

通常把显示器定义为标准输出文件，一般情况下在屏幕上显示有关信息就是向标准输出文件输出。如前面经常使用的printf( )、putchar( )函数就是这类输出。

键盘通常被指定标准的输入文件，从键盘上输入就意味着从标准输入文件上输入数据。scanf( )、getchar( )函数就属于这类输入。

2. 从文件编码的方式来看，文件可分为ASCII文件和二进制文件

ASCII文件又称文本文件，这种文件在磁盘中存放时每个字符对应一个字节，用于存放对应的ASCII码。例如，数5678的存储形式为：

ASCII码：00110101　00110110　00110111　00111000

　　　　　　↓　　　　↓　　　　↓　　　　↓

十进制码：　5　　　　6　　　　7　　　　8

共占用4字节。

ASCII文件可在屏幕上按字符显示，例如源程序文件就是ASCII文件，用DOS命令TYPE可显示文件的内容。由于是按字符显示，因此能读懂文件内容。

二进制文件是按二进制的编码方式来存放文件的。例如，数5678的存储形式为：

00010110 00101110

只占2字节。二进制文件虽然也可在屏幕上显示，但其内容无法读懂。C语言编译系统在处理这些文件时，并不区分类型，都看成是字符流，按字节进行处理。

（三）ANSI C的缓冲文件系统

多数C语言编译系统都提供两种文件处理方式："缓冲文件系统"和"非缓冲文件系统"。

所谓缓冲文件系统是指系统自动地在内存区为每个正在使用的文件开辟一个缓冲区，无论是从程序到磁盘文件还是从磁盘文件到程序，数据都要先经过缓冲区，待缓冲区充满后，才集中发送。

从内存向磁盘输出数据时，必须首先输出到缓冲区中。待缓冲区装满后，再一起输出到磁盘文件中。从磁盘文件向内存读入数据时，则正好相反：首先将一批数据读入到缓冲区中，再从缓冲区中将数据逐个送到程序数据区，如图11-1所示。

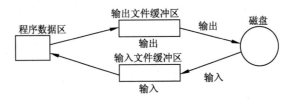

图 11-1　从磁盘文件向内存读入数据和从内存输出数据

二、文件的打开与关闭

C语言中采用文件指针对文件进行操作。文件指针是用一个指针变量指向一个文件，这个指针称为文件指针。

（一）文件指针的定义

定义文件指针的一般形式为：

```
FILE    *指针变量标识符
```

例如：

```
FILE    *fp;
```

功能：定义fp为指向文件类型的指针变量，称为文件指针。

（二）打开与关闭文件

对文件读/写之前，必须打开该文件，使用文件结束之后，应该关闭该文件。

1. 打开文件

打开文件的一般形式：

```
fopen(文件名,文件使用方式)
```

说明：

（1）fopen( )函数的返回值：当成功打开文件时，函数返回一个FILE类型的指针，赋给文件指针变量，即文件指针指向该文件；当打开文件失败时，函数返回NULL。

（2）"文件名"：指要打开的文件名称，它是一个字符串，也可以是字符数组名或指向字符串的指针。

（3）"文件使用方式"：指对打开文件的访问形式。常用的使用方式如下：

① "r"：只读，以只读方式打开一个文本文件，指定的文件必须存在，否则出错。

② "w"：只写，以只写方式打开一个空文本文件。如果指定的文件存在，则其中的内容将被删去；如果指定的文件不存在，则创建一个新的文本文件。

③ "a"：追加，以追加方式打开一个文本文件，即向文件末尾增加数据（注意：文件中原来的内容不被删去）。打开时，读写位置指针处于文件尾。

④ "r+"：读写，以读写方式打开一个文本文件，指定的文件必须存在。

⑤ "w+"：读写，以读写方式打开一个空文本文件，如果指定的文件已经存在，则其中的内容将被删去。

⑥ "a+"：读写，以读和追加写方式打开一个文本文件。

如果在上述文件使用方式上附加字母b（"rb"、"wb"、"ab"、"rb+"、"wb+"、"ab+"），则以同样的方式打开二进制文件。例如：

```
FILE    *fp;
fp=fopen("file1.txt","r+");
```

功能：以"r+"方式打开文件当前路径下file1.txt文件。当文件打开成功时，文件指针就指向文件file1.txt；否则，函数返回NULL。

为保证程序中能正确打开文件，建议使用以下程序段：

```
#include<stdio.h>
…
if((fp=fopen("file1.txt","r+"))==NULL)
{
    printf("文件打开失败\n");
    exit(0);
}
```

2. 关闭文件

关闭文件的一般形式：

```
fclose(文件指针);
```

功能：关闭文件指针所指向的文件。

例如：

```
fclose(fp);
```

其中：fp为文件类型指针，它是用fopen()函数打开文件时获得的。

文件执行了关闭操作后，要想再一次执行读、写操作，必须再一次执行打开操作。

注意：文件使用完成之后一定要关闭。一是防止数据丢失。因为在向文件写数据时，是先将数据输出到缓冲区，待缓冲区充满后才正式写入文件，如果缓冲区未充满而程序结束运行，就会将缓冲区中的数据丢失。用fclose()函数关闭文件，则可避免这个问题（存完数据后再关闭）。二是每个系统允许打开的文件数是有限制的。如果不及时关闭已处理完毕的文件，将可能影响其他文件的打开（因打开文件太多）。

三、文件的读写操作

文件打开之后，就可以对其进行读写操作。文件读操作，是指从磁盘文件中向程序输入数据的过程；文件写操作，是指从程序向磁盘文件输入数据的过程。每调用一次读函数或写函数，文件的读写位置指针都将自动地移到下一次读写的位置上。

（一）单个字符的读写

即将单个字符从文件中读出或写入到文件中。

1．单个字符的读出函数

函数调用的一般形式：

```
fgetc(文件指针)
```

功能：从指定文件读出一个字符（该文件必须以读或读写方式打开）。

例如：

```
ch=fgetc(fp);              /*从fp所指的文件读出一个字符，并赋给ch*/
```

说明：

ch是字符变量，fp是文件类型指针。

当fgetc( )函数读字符时遇到文件结束时，函数返回一个文件结束标志EOF（end of file）。EOF是在stdio.h文件中定义的符号常量，值为–1。

2．单个字符的写入函数

函数调用的一般形式：

```
fputc(字符变量,文件指针)
```

功能：将一个字符写入到磁盘文件中去（该文件必须以写或读写方式打开）。

例如：

```
fputc(ch,fp);              /*将ch所代表的字符输出到fp所指的文件中*/
```

说明：

ch是字符变量，fp是文件类型指针。如果写入文件失败，返回EOF（–1）。

【例11-1】输入若干字符，以#结束，存入到磁盘文件file1.txt文件中；再将file1.txt文本文件中的内容原样输出到屏幕上。

```c
#include<stdio.h>
#include<stdlib.h>
void readc()                            //函数定义，实现字符的读出操作
{
    FILE *fp;
    char ch;
    if((fp=fopen("file1.txt","r"))==NULL)
    {
        printf("Cannot open file ,press any key to exit!");
        exit(0);                        //程序终止
    }
    ch=fgetc(fp);                       //从文件中读取一个字符到ch中
    printf("output string:\n");
    while(ch!=EOF)                      //循环判断ch不为空
    {
        putchar(ch);
```

```
            ch=fgetc(fp);
        }
        printf("\n");
}
void writec()                          //函数定义，写入字符到文件中
{
    FILE *fp;
    char ch;
    if((fp=fopen("file1.txt","w"))==NULL)
    {
        printf("Cannot open file ,press any key to exit!");
        exit(0);
    }
    printf("input a char:\n");
    ch=getchar();                       //通过键盘输入一个字符到变量ch中
    while(ch!='#')                      //循环判断ch不等于#
    {
        fputc(ch,fp);                   //将ch写入到文件fp中
        ch=getchar();
    }
    fclose(fp);
}
void main()
{
    writec();                          //函数调用，写入字符
    readc();                           //函数调用，读出字符
}
```

运行结果：

```
input a char:
abcd1234#<回车>
output string:
abcd1234
```

（二）字符串的读写

即将字符串从文件中读出或写入到文件中。

1．字符串的读出函数

函数调用的一般形式：

```
fgets(字符串存入的存储区的首地址,存储数据的大小,文件指针)
```

功能：从指定文件读出一个字符串存入到指定存储区中。

例如：

```
fgets(str, n, fp);
```

说明：

从fp所指向的文件读出n–1个字符，并在最后加入一个字符串结束标志'\0'，然后把这个字符串存入到字符数组str中。

2．字符串的写入函数

函数调用的一般形式：

```
fputs(字符串,文件指针)
```

功能：向指定的文件输出一个字符串，字符串末尾的'\0'不输出。

说明：

第一个参数可以是字符串常量，字符数组名或字符型指针。

fgets( )和fputs( )函数与前面介绍过的gets( )和puts( )函数相似，只是fgets( )和fputs( )函数以指定的文件为读写对象。

【例11-2】输入一个字符串存储到文件file2.txt中，再将该字符串从文件中读取出来。

```c
#include<stdio.h>
#include<stdlib.h>
#include<string.h>
void reads()
{
    FILE *fp;
    char str[80];
    if((fp=fopen("file2.txt","r"))==NULL)
    {
        printf("Cannot open file ,press any key to exit!");
        exit(0);
    }
    printf("output string:\n");
    fgets(str,strlen(str),fp);
    //从fp文件中读出长度为strlen(str)的字符串到str数组中
    puts(str);                  //输出str中的字符串
    printf("\n");
}
void writes()
{
    FILE *fp;
    char str[80];
    if((fp=fopen("file2.txt","w"))==NULL)
    {
        printf("Cannot open file ,press any key to exit!");
        exit(0);
    }
    printf("input string:\n");
```

```
    gets(str);                      //从键盘输入一个字符串到str中
    fputs(str,fp);                  //将str中的字符串写入到fp文件中
    fclose(fp);
}
void main()
{
    writes();
    reads();
}
```

运行结果：

```
input string:
China<回车>
output string:
China
```

(课)(堂)(实)(践)

试分析，如果将语句fgets(str,strlen(str),fp);改为fgets(str,80,fp);，则程序运行结果会发生变化吗？

（三）按格式化读写

按指定的格式将数据从文件中读出或写入到文件中。

1. 格式化读出函数

函数调用的一般形式：

```
fscanf(文件指针,格式字符串,输入表列)
```

功能：从指定文件中按指定格式读出数据。

例如：

```
fscanf(fp,"%d%d",&x,&y);
```

说明：

函数操作成功，返回成功读取数据的个数，出错时则返回EOF。

2. 格式化写入函数

函数调用的一般形式：

```
fprintf(文件指针,格式字符串,输出表列)
```

功能：按指定格式写入数据到文件中。

例如：

```
fprintf(fp,"%d,%d",x,y);
```

说明：

函数操作成功，返回写入文件的数据个数，出错时则返回一个负数。

fscanf( )函数、fprintf( )函数与前面使用的scanf( )和printf( )函数的功能相似，都是格式化读写函

数。两者的区别在于fscanf( )函数和fprintf( )函数的读写对象不是键盘和显示器，而是磁盘文件。

【例11-3】从键盘输入两个学生数据，写入到文件stu.txt中，再读出这两个学生的数据显示在屏幕上。

```c
#include<stdio.h>
#include<stdlib.h>
void main()
{
    FILE *fp;
    char name[10];
    int num,age;
    char addr[15];
    int i;
    fp=fopen("stu.txt","w+");              /*以读写方式打开文件*/
    if(fp==NULL)
    {
        printf("Cannot open file ,press any key to exit!");
        exit(0);
    }
    printf("\ninput data:\n");
    for(i=0;i<2;i++)
    {
        scanf("%s%d%d%s",name,&num,&age,addr);
        fprintf(fp,"%s %d %d %s\n",name,num,age,addr);
    }
    rewind(fp);                            //位置指针移复位
    printf("\nname\tnumber\tage\taddr\n");
    fscanf(fp,"%s%d%d%s",name,&num,&age,addr);
    while(!feof(fp))
    {
        printf("%s\t%d\t%d\t%s\n",name,num,age,addr);
        fscanf(fp,"%s%d%d%s",name,&num,&age,addr);
    }
    fclose(fp);
}
```

运行结果：

```
input data:
Wang        1000        19        Hubei<回车>
Zhao        1001        20        Guangdong<回车>

name        number      age       addr
Wang        1000        19        Hubei
Zhao        1001        20        Guangdong
```

说明：

（1）写入语句fprintf(fp, "%s %d %d %s\n", name, num, age, addr);中转换说明符之间用空格分开，这样写入到文件中的各项内容将以空格分开。

（2）程序中的函数调用feof(fp)判断是否到了文件结束位置。

课堂实践

从键盘输入商品信息（见表11-1），写入goods.dat文件中，再从文件中读出数据显示在屏幕上。

表 11-1 商品库存信息

商品编号	商品名称	商品单价	商品数量
100001	水杯	26.50	50
100002	练习本	1.00	100
100003	毛巾	16.30	30

（四）数据块读写

C语言还提供了用于整块数据的读写函数。可用来读写一组数据，如一个数组元素、一个结构变量的值等。

1. 数据块读出函数

函数调用的一般形式：

```
fread(buffer,size,count,fp)
```

功能：从fp指向的文件读出一组数据，存放到buffer首地址。

2. 数据块写入函数

函数调用的一般形式：

```
fwrite(buffer,size,count,fp)
```

功能：将一组数据从buffer首地址写入到fp指向的磁盘文件中。

说明：

（1）buffer：是存放数据的缓冲区的首指针。

（2）size：是要读写的字节数。

（3）count：是要读写多少个size字节的数据项。

（4）fp：是文件指针。

（5）函数返回值：当两个函数分别调用成功时，返回值应等于count，即等于正确读写字节数。否则读写数据不成功。

例如：

```
fread(p,4,5,fp);
```

其意义是从fp所指的文件中，每次读出4字节（块的大小），连续读5次，送入指针p所指位置依次顺序存放。

【例11-4】从键盘输入3个学生的数据，写入file4.dat文件中，再从文件中读出学生的数据显示在屏幕上。

```c
#include<stdio.h>
#include<stdlib.h>
typedef struct stu
{
    char name[10];
    int num,age;
    char addr[15];
}STU;
void main()
{
    FILE *fp;
    STU stud[3],x;                      //定义结构体数组stud,结构体变量x
    char ch;
    int i;
    fp=fopen("file4.dat","wb+");         //以读写方式打开二进制文件file4.dat
    if(fp==NULL)
    {
        printf("Cannot open file ,press any key to exit!");
        exit(0);
    }
    printf("\ninput students:\n");
    for(i=0;i<3;i++)
    {
        scanf("%s%d%d%s",stud[i].name,&stud[i].num,&stud[i].age,stud[i].addr);
        fwrite(&stud[i],sizeof(STU),1,fp);
    }
    rewind(fp);                          //将文件指针复位
    printf("\nname\tnumber\tage\taddr\n");
    while(fread(&x,sizeof(STU),1,fp)==1)
        printf("%s\t%d\t%d\t%s\n",x.name,x.num,x.age,x.addr);
    fclose(fp);
}
```

运行结果：

```
input students:
WangLi    1000      19      Hubei<回车>
ChenHao   1001      18      HeBei<回车>
ZhangPin  1002      18      YunNan<回车>


name       number    age     addr
```

```
WangLi      1000      19      Hubei
ChenHao     1001      18      HeBei
ZhangPin    1002      18      YunNan
```

说明：

（1）fwrite(&stud[i],sizeof(STU),1,fp);语句的作用是将一个地址为&stud[i]、长度为STU字节数的数据块写入到fp文件中。

（2）fread(&x,sizeof(STU),1,fp)==1的作用是从fp文件中读出一个长度为STU字节数的数据块到地址x中。

四、文件的定位

文件中有一个位置指针，指向当前读写的位置。如果顺序读写一个文件，每次读写一个字符，则读写完一个字符后，该位置指针自动移动指向下一个字符位置。如果想改变这样的规律，须强制使位置指针指向其他指定的位置。

（一）rewind( )函数

其作用是使位置指针重新返回文件的开头。该函数没有返回值。

函数调用的一般形式：

```
rewind(文件指针)
```

例如：

```
rewind(fp);
```

（二）fseek( )函数和随机读写

其作用是将文件内部位置指针移动到指定位置。

函数调用的一般形式：

```
fseek(文件指针,位移量,起始位置)
```

说明：

（1）"文件指针"指向被移动的文件。

（2）"起始位置"有3种：文件首、当前位置和文件尾。其表示方法如表11-2所示。

表 11-2　移动位置指针时起始位置情况

起始位置	表示符号	数字表示
文件首	SEEK_SET	0
当前位置	SEEK_CUR	1
文件末尾	SEEK_END	2

"位移量"指以"起始位置"为基点，向前或向后移动的字节数，它是长整型数。若偏移量为正整数，表示向文件头方向移动；若偏移量为负整数，表示向文件尾方向移动。例如：

```
fseek(fp,10L,0);                //表示将位置指针从开始位置后移10字节
fseek(fp,20L,SEEK_CUR);         //表示将位置指针从当前位置向尾部后移20字节
```

```
fseek(fp,-20L,2);                    //表示将位置指针从文件末尾处向文件头移20字节
fseek(fp,0,SEEK_END);                //表示将位置指针移到文件末尾
```

【例11-5】从键盘输入3个学生数据，写入file5.dat文件中，再从文件中读出第3个学生的数据显示在屏幕上。

```
#include<stdio.h>
#include<stdlib.h>
typedef struct stu
{
    char name[10];
    int num,age;
    char addr[15];
}STU;
void main()
{
    FILE *fp;
    STU  stud[3],x;                  //定义结构体数组stud，结构体变量x
    char ch;
    int i;
    fp=fopen("file5.dat","wb+");      //以读写方式打开二进制文件file5.dat
    if(fp==NULL)
    {
        printf("Cannot open file ,press any key to exit!");
        exit(0);
    }
    printf("\ninput students:\n");
    for(i=0;i<3;i++)
    {
        scanf("%s%d%d%s",stud[i].name,&stud[i].num,&stud[i].age,stud[i].addr);
        fwrite(&stud[i],sizeof(STU),1,fp);
    }
    rewind(fp);                       //将文件指针复位
    printf("\nname\tnumber\tage\taddr\n");
    fseek(fp,2*sizeof(STU),0);        //将文件指针从文件开头处向后移2个STU字节数
    fread(&x,sizeof(STU),1,fp);       //从当前处读出一个数据块到地址x中
    printf("%s\t%d\t%d\t%s\n",x.name,x.num,x.age,x.addr);
    fclose(fp);
}
```

运行结果：

```
input students:
WangLi        1000      19      Hubei<回车>
ChenHao       1001      18      HeBei<回车>
```

```
ZhangPin        1002         18        YunNan<回车>

name            number       age       addr
ZhangPin        1002         18        YunNan
```

（三）feof( )函数

feof( )函数的作用是判断文件是否结束。在C语言中，文本文件都是以ASCII码形式存放的，因此文件的结束标志可以用EOF表示。当数据以二进制形式存放到文件中时，就不能采用EOF作为二进制文件的结束标志。为解决这一问题，ANSI C 提供了feof( )函数，用来判断文件是否结束。

函数调用的一般形式：

```
feof(文件指针)
```

功能：如果文件结束，函数返回值为1；否则为0。feof( )函数既可以用来判断二进制文件是否结束，也可以用来判断文本文件是否结束。

例如：

```
feof(fp);
```

任务实施

任务1

输入QQ号，并正确读出。

1. 任务分析

实现步骤如下：

➢ 定义字符变量，用于存放QQ号。

➢ 输入1个QQ号。

➢ 输出文件中所有的QQ号。

2. 任务实现

```c
#include<stdio.h>
#include<stdlib.h>
void readc()                          //定义函数，读出用于存放QQ号文件中的所有QQ号
{
    FILE *fp;
    char ch;
    if((fp=fopen("file6.txt","r"))==NULL)
    {
        printf("Cannot open file ,press any key to exit!");
        exit(0);
    }
    ch=fgetc(fp);
    printf("\noutput all QQ:\n");
    while(ch!=EOF)                     //循环判断ch是否为空
```

```
    {
        putchar(ch);
        ch=fgetc(fp);
    }
    printf("\n");
}
void writec()                            //定义函数，输入QQ号到磁盘文件中
{
    FILE *fp;
    char ch;
    if((fp=fopen("file6.txt","a"))==NULL)
    {
        printf("Cannot open file ,press any key to exit!");
        exit(0);
    }
    printf("input QQ:\n");
    ch=getchar();
    while(ch!='\n')                      //循环判断ch是否等于回车
    {
        fputc(ch,fp);
        ch=getchar();
    }
    fputc(ch,fp);                        //将回车符存入到磁盘文件中
    fclose(fp);
}
void main()
{
    writec();                            //调用函数，写入QQ号
    readc();                             //调用函数，读出所有QQ号
}
```

运行结果

```
input   QQ:
545678212<回车>

output all QQ:
345621341
567821345
342198075
545678212
```

任务2

录入商品编号、商品名称、商品单价，根据商品编号，读取商品名称、单价。

1. 任务分析

实现步骤如下：

➢ 定义商品的结构体类型。

➢ 录入商品信息。

➢ 根据商品编号，读取商品名称、单价。

2. 任务实现

```c
#include<stdio.h>
#include<stdlib.h>                  //调用其中的calloc()函数
#include<string.h>                  //调用其中的strcmp()函数
typedef struct goods
{
    char gname[10];                 //商品的名称
    char gnum[20];                  //商品编号
    float price;                    //商品价格
}GD;                                //定义结构体类型的别名
GD *p;                              //指向将要动态开辟的一维数组
int n;                              //存放将要输入的商品个数
void inpu()                         //输入商品信息
{
    int i;
    printf("请输入要录入商品的个数：");
    scanf("%d",&n);
    p=(GD *)calloc(sizeof(GD),n);   //动态开辟一个大小为n的一维数组指针p指向该数组
    for(i=0;i<n;i++)
    {
        printf("请输入商品名称：");
        scanf("%s",p[i].gname);
        printf("请输入商品的编号：");
        scanf("%s",p[i].gnum);
        printf("请输入商品的价格：");
        scanf("%f",&p[i].price);
    }
}
void save()                         //将输入到内存的商品信息写入到磁盘文件中
{
    FILE *fp;
    int i;
    fp=fopen("mygoods.dat","ab");   //以写入方式打开文件mygoods.dat
    if(fp==NULL)
    {
        printf("打开文件失败\n");
```

```
        return;
    }
    for(i=0;i<n;i++)
        fwrite(&p[i],sizeof(GD),1,fp);    //将一条商品信息p[i]写入到fp文件中
    fclose(fp);
}
void prin()                              //将磁盘文件中指定的信息读取出来
{
    FILE *fp;
    GD r;
    int i;
    char str[20];                        //存放用户输入的商品编号
    printf("请输入商品的编号");
    fflush(stdin);                       //清空缓冲区
    scanf("%s",str);
    fp=fopen("mygoods.dat","rb");
    if(fp==NULL)
    {
        printf("打开文件失败\n");
        return ;
    }
    i=0;
    while(fread(&r,sizeof(GD),1,fp)==1)
    {
        if(strcmp(str,r.gnum)==0)
            printf("%s\t%.2f\n",r.gname,r.price);
        i++;
    }
    printf("\n");
    fclose(fp);
}
void main()
{
    int n;//局部变量，存放用户的选项
    do
    {
        printf("********************\n");
        printf("1.录入信息    2.保存信息\n");
        printf("3.读取信息    4.退出\n");
        printf("********************\n");
        printf("请输入选项：");
        scanf("%d",&n);
        switch(n)
```

```
    {
        case 1:inpu();break;
        case 2:save();break;
        case 3:prin();break;
        case 4:exit(0);break;
    }
}while(1);
}
```

运行结果如图11-2所示。

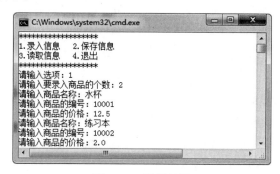

图 11-2 运行结果

同步训练

编写超市购物结算系统。要求：能实现顾客超市购物结算、找零，并显示购物小票功能。

提示：在任务2程序代码的基础上进行修改、编写。

习 题

一、选择题

1. 以下叙述中错误的是（   ）。

    A. 二进制文件打开后可以先读文件的末尾，而顺序文件不可以

    B. 在程序结束时，应当用 fclose( ) 函数关闭已打开的文件

    C. 在利用 fread( ) 函数从二进制文件中读数据时，可以用数组名给数组中的所有元素读入数据

    D. 不可以用 FILE 定义指向二进制文件的文件指针

2. 以下叙述中不正确的是（   ）。

    A. C 语言中的文本文件以 ASCII 码形式存储数据

    B. C 语言中对二进制文件的访问速度比文本文件快

    C. C 语言中，随机读写方式不适用于文本文件

    D. C 语言中，顺序读写方式不适用于二进制文件

3. C 语言可以处理的文件类型是（   ）。

A. 文本文件和数据文件　　　　　　B. 文本文件和二进制文件

C. 数据文件和文本文件　　　　　　D. 数据代码文件

4. C 语言中，库函数 fgets(str,n,fp) 的功能是（　　）。

A. 从 fp 所指向的文件中读取长度为 n 的字符串存入 str 开始的内存

B. 从 fp 所指向的文件中读取长度不超过 $n-1$ 的字符串存入 str 开始的内存

C. 从 fp 所指向的文件中读取 n 个字符串存入 str 开始的内存

D. 从 str 开始的内存读取至多 n 个字符存入 fp 所指向的文件

5. 若 fp 是指向某文件的指针且已读到文件的末尾，则表达式 feof(fp) 的值为（　　）。

A. EOF　　　　　　　　　　　　B. −1

C. 非零值　　　　　　　　　　　D. NULL

6. 下列对 C 语言的文件存取方式的叙述中正确的是（　　）。

A. 只能顺序存取　　　　　　　　B. 只能随机存取

C. 可以顺序存取，也可以随机存取　D. 只能从文件的开头存取

7. 下列语句中，将 c 定义为文件型指针的是（　　）。

A. FILE c;　　　　B. FILE *c;　　　　C. file c;　　　　D. file *c;

8. 标准库函数 fputs(p1,p2) 的功能是（　　）。

A. 从 p1 指向的文件中读取一个字符串存入 p2 开始的内存

B. 从 p2 指向的文件中读取一个字符串存入 p1 开始的内存

C. 从 p1 开始的内存中读取一个字符串存入 p2 指向的文件

D. 从 p2 开始的内存中读取一个字符串存入 p1 指向的文件

二、填空题

1. 在 C 语言中，文件可以用_____方式存取，也可以用_____存取。

2. 打开文件的含义是_____，关闭文件的含义是_____。

3. fopen( ) 函数有两个形式参数，一个表示_____，另一个表示_____。

4. EOF 可以用来判断文本文件是否结束，如果遇到文件结束，EOF 值为_____，否则 EOF 值为_____。

5. feof(fp) 函数用来判断二进制文件是否结束，如果遇到文件结束，函数值为_____，否则函数值为_____。

三、操作题

1. 下列程序由键盘输入一个文件名，然后把从键盘输入的字符依次存放到磁盘文件中，直到输入一个 "#" 为止。

```
#include<stdio.h>
void main( )
{
    FILE *fp;
    char  ch,filename[10];
    scanf("%s",filename);        /*用户输入的存在磁盘上的文件名*/
```

```
    if(_____)
    {
        printf("cannot open file\n");
        exit(0);
    }
    while((ch=getchar())!='#');
    fclose(fp);
}
```

2. 下列程序从一个二进制文件中读取结构体数据，并把读出的数据显示在屏幕上。

```
#include<stdio.h>
struct rec
{
    int a;
    float b;
};
recout(FILE *fp)
{
    struct rec r;
    do
    {
        if(fread(_____,sizeof(struct rec),_____,fp)!=1)
            _____;
        printf("%d,%f",r.a,r.b);
    }while(1);
}
void main()
{
    FILE *fp;
    fp=fopen("file.dat","rb");
    recout(fp);
    fclose(fp);
}
```

3. 有 5 个学生，每个学生有 4 门课的成绩，从键盘输入每个学生的数据（包括学号、姓名和 4 门课的成绩），计算平均成绩，将原有数据和计算出的平均成绩存入磁盘文件 file.dat 中。

附　　录

附录 A　C 语言的关键字及其用途表

关键字	用途	说明
char	数据类型	一个字节长的字符值
short		短整数
int		整数
unsigned		无符号类型，最高位不作符号位
long		长整数
float		单精度实数
double		双精度实数
struct		用于定义结构体
union		用于定义共用体
void		空类型，用它定义的对象不具有任何值
enum		定义枚举类型
signed		有符号类型，最高位作符号位
const		表明这个量在程序执行过程中不可变
volatile		表明这个量在程序执行过程中可被隐含地改变
typedef	存储类别	用于定义同义数据类型
auto		自动变量
register		寄存器变量
static		静态变量
extern		外部变量声明
break	流程控制	退出最内层的循环或 switch 语句
case		switch 语句中的情况选择
continue		跳到下一轮循环
default		switch 语句中其余情况标号
do		在 do-while 循环中的循环起始标记
else		if 语句中的另一种选择
for		带有初值／测试和增量的一种循环
goto	流程控制	转移到标号指定的地方
if		语句的条件执行
return		返回到调用函数
switch		从所有列出的动作中作出选择
while		在 while 和 do-while 循环中语句的条件执行
sizeof	类型运算符	计算表达式和类型的字节数

附录 B　常用字符的 ASCII 表

ASCII 码		字符	ASCII 码		字符	ASCII 码		字符	ASCII 码		字符
DEC	HEX		DEC	HEX		DEC	HEX		DEC	HEX	
0	00	NUL	32	20	空格	64	40	@	96	60	`
1	01	SOH	33	21	!	65	41	A	97	61	a
2	02	STX	34	22	"	66	42	B	98	62	b
3	03	ETX	35	23	#	67	43	C	99	63	c
4	04	EOT	36	24	$	68	44	D	100	64	d
5	05	ENQ	37	25	%	69	45	E	101	65	e
6	06	ACK	38	26	&	70	46	F	102	66	f
7	07	BEL	39	27	'	71	47	G	103	67	g
8	08	BS	40	28	(	72	48	H	104	68	h
9	09	TAB	41	29	)	73	49	I	105	69	i
10	0A	LF	42	2A	*	74	4A	J	106	6A	j
11	0B	VT	43	2B	+	75	4B	K	107	6B	k
12	0C	FF	44	2C	,	76	4C	L	108	6C	l
13	0D	CR	45	2D	–	77	4D	M	109	6D	m
14	0E	SO	46	2E	.	78	4E	N	110	6E	n
15	0F	SI	47	2F	/	79	4F	O	111	6F	o
16	10	DLE	48	30	0	80	50	P	112	70	p
17	11	DC1	49	31	1	81	51	Q	113	71	q
18	12	DC2	50	32	2	82	52	R	114	72	r
19	13	DC3	51	33	3	83	53	S	115	73	s
20	14	DC4	52	34	4	84	54	T	116	74	t
21	15	NAK	53	35	5	85	55	U	117	75	u
22	16	SYN	54	36	6	86	56	V	118	76	v
23	17	ETB	55	37	7	87	57	W	119	77	w
24	18	CAN	56	38	8	88	58	X	120	78	x
25	19	EM	57	39	9	89	59	Y	121	79	y
26	1A	SUB	58	3A	:	90	5A	Z	122	7A	z
27	1B	ESC	59	3B	;	91	5B	[	123	7B	{
28	1C	FS	60	3C	<	92	5C	\	124	7C	|
29	1D	GS	61	3D	=	93	5D	]	125	7D	}
30	1E	RS	62	3E	>	94	5E	^	126	7E	~
31	1F	US	63	3F	?	95	5F	_	127	7F	△

附录 C　运算符和结合性

优先级	运 算 符	含 义	要求运算对象的个数	结合方向
1	( ) [ ] - > ·	圆括号 下标运算符 指向结构体成员运算符 结构体成员运算符		自左向右
2	! ~ ++ -- - (类型) * & sizeof	逻辑非运算符 按位取反运算符 自增运算符 自减运算符 负号运算符 类型转换运算符 指针运算符 取地址运算符 长度运算符	单目运算符	自右向左
3	* / %	乘法运算符 除法运算符 求余运算符	双目运算符	自左向右
4	+ -	加法运算符 减法运算符	双目运算符	自左向右
5	<< >>	左移位运算符 右移位运算符	双目运算符	自左向右
6	< <= > >=	关系运算符	双目运算符	自左向右
7	== !=	等于运算符 不等于运算符	双目运算符	自左向右
8	&	按位与运算符	双目运算符	自左向右
9	∧	按位异或运算符	双目运算符	自左向右
10	|	按位或运算符	双目运算符	自左向右
11	&&	逻辑与运算符	双目运算符	自左向右
12	||	逻辑或运算符	双目运算符	自左向右
13	? :	条件运算符	三目运算符	自右向左
14	= += -= *= /= %= >>= <<= &= ∧= !=	赋值运算符	双目运算符	自右向左
15	,	逗号运算符 （顺序求值运算符）		自左向右

说明：

（1）同一优先级的运算符，运算次序由结合方向决定。例如*与 / 具有相同的优先级别，其结合方向为自左向右，因此3*5/4的运算次序是先乘后除。-和++为同一优先级，结合方向为自右向左，因此-i++相当于-(i++)。

（2）不同的运算符要求有不同的运算对象个数，如+（加）和-（减）为双目运算符，要求在运算符两侧各有一个运算对象（如3+5、8-3等）。而++和-（负号）运算符是一元运算符，只能在运算符的一侧出现一个运算对象（如-a、i++、--i、(float)i、sizeof(int)、*p等）。条件运算符是C语言中唯一的三目运算符，如x?a:b。

（3）从上述表中可以大致归纳出各类运算符的优先级（由上到下递减）：

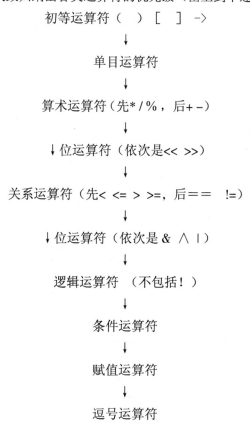

初等运算符（　）［　］ ->
↓
单目运算符
↓
算术运算符（先*/%，后+-）
↓
↓位运算符（依次是<< >>）
↓
关系运算符（先< <= > >=，后== !=）
↓
↓位运算符（依次是& ∧ |）
↓
逻辑运算符 （不包括!）
↓
条件运算符
↓
赋值运算符
↓
逗号运算符

附录 D　C 库 函 数

库函数并不是C语言的一部分。它是人们根据需要编写并提供给广大用户使用的。每一种C编译系统都提供了一批库函数，不同的编译系统所提供的库函数的数目、函数名及函数功能是不完全相同的。ANSI C标准提出了一批建议提供的标准库函数。它包括了目前多数编译系统所提供的库函数，但也有一些是某些C编译系统没有实现的。

由于C库函数的种类和数目很多（例如屏幕和图形函数、时间日期函数、与系统有关的函数等，每一类又包括各种功能的函数），限于篇幅，本附录只从教学需要的角度列出ANSI C标准建议提供的、常用的部分库函数。读者在编写C程序时可能要用到更多的库函数，请查阅有关手册。

1．数学函数

使用数学函数时，应在源程序文件中使用以下预处理命令行：

```
#include <math.h>
```

函数名	函数原型	功　能	返回值	说　明
abs	int abs (int x);	求整数 x 的绝对值	计算结果	
acos	double acos (double x);	计算 arccos(x) 的值	计算结果	x 应在 –1 ～ 1 范围内
asin	double asin (double x) ;	计算 arcsin(x) 的值	计算结果	x 应在 –1 ～ 1 范围内
atan	double atan (double x);	计算 arctan(x) 的值	计算结果	
atan2	double atan2(double x, double y);	计算 arctan(x/y) 的值	计算结果	
cos	double cos (double x);	计算 cos(x) 的值	计算结果	x 的单位为弧度
cosh	double cosh (double x);	计算 x 的双曲余弦 cosh(x) 的值	计算结果	
exp	double exp (double x);	求 ex 的值	计算结果	
fabs	double fabs (double x);	求 x 的绝对值	计算结果	
floor	double floor (double x);	求出不大于 x 的最大整数	该整数的双精度实数	
fmod	double fmod (double x, double y);	求整除 x/y 的余数	返回余数的双精度数	
frexp	double frexp (double val, int *eptr);	把双精度数 val 分解为数字部分（尾数）x 和以 2 为底的指数 n，即 val=x*2n，n 存放在 eptr 指向的变量中	返回数字部分 x $0.5 \leqslant x<1$	
log	double log (double x);	求 $\log_e x$，即 ln x	计算结果	
log10	double log10 (double x);	求 $\log_{10} x$，即 lg x	计算结果	
modf	double modf (double vol, double *iptr);	把双精度数 val 分解为整数部分和小数部分，把整数部分存到 iptr 指向的单元	val 的小数部分	
pow	double pow (double x, double y);	计算 xy 的值	计算结果	

续表

函数名	函数原型	功　能	返回值	说　明
rand	int rand (void);	产生 –90 ～ 32 767 间的随机整数	随机整数	
sin	double sin (double x);	计算 sin x 的值	计算结果	x 的单位为弧度
sinh	double sinh (double x);	计算 x 双曲正弦函数 sinh(x) 的值	计算结果	
sqrt	double sqrt (double x);	计算 x 的平方根	计算结果	x ≥ 0
tan	double tan (double x);	计算 tan(x) 的值	计算结果	x 的单位为弧度
tanh	double tanh (double x);	计算 x 双曲正切函数 tanh(x) 的值	计算结果	

2. 字符函数

使用字符函数时，应在源程序文件中使用以下预处理命令行：

```
#include<ctype.h>
```

有的 C 编译系统不遵循 ANSI C 标准的规定，而用其他名称的头文件。使用时请查有关手册。

函数名	函数原型	功　能	返回值
isalnum	int isalnum (int ch);	检查 ch 是否为字母（alpha）或数字（numeric）	是，返回 1；不是，返回 0
isalpha	int isalpha (int ch);	检查 ch 是否为字母	是，返回 1；不是，返回 0
iscntrl	int iscntrl (int ch);	检查 ch 是否为控制字符（其 ASCII 码在 0 ～ 0x1F 之间）	是，返回 1；不是，返回 0
isdigit	int isdigit (int ch);	检查 ch 是否为数字（0 ～ 9）	是，返回 1；不是，返回 0
isgraph	int isgraph (int ch);	检查 ch 是否为可打印字符（其 ASCII 码在 0x21 ～ 0x7E 之间），不包括空格	是，返回 1；不是，返回 0
islower	int islower (int ch);	检查 ch 是否为小写字母（a ～ z）	是，返回 1；不是，返回 0
isprint	int isprint (int ch);	检查 ch 是否为可打印字符（包括空格），其 ASCII 码在 0x20 ～ 0x7E 之间。	是，返回 1；不是，返回 0
ispunct	int ispunct (int ch);	检查 ch 是否为标点字符（不包括空格），即除字母、数字和空格以外的所有可打印字符	是，返回 1；不是，返回 0
isspace	int isspace (int ch);	检查 ch 是否是空格、跳格符（制表符）或换行符	是，返回 1；不是，返回 0
isupper	int isupper (int ch);	检查 ch 是否为大写字母（A ～ Z）	是，返回 1；不是，返回 0
isxdigit	int isxdigit (int ch);	检查 ch 是否为一个十六进制数字字符（即 0 ～ 9，或 A ～ F，或 a ～ f）	是，返回 1；不是，返回 0
tolower	int tolower (int ch);	将 ch 字符转换成小写字符	返回 ch 相应的小写字母
toupper	int toupper (int ch);	将 ch 字符转换成大写字符	返回 ch 相应的大写字母

3. 字符串函数

使用字符串函数时，应在源程序文件中使用以下预处理命令行：

`#include<string.h>`

有的C编译系统不遵循ANSI C标准的规定，而用其他名称的头文件。使用时请查有关手册。

函数名	函数原型	功　　能	返回值
strcat	char * strcat (char *str1, char *str2) ;	把字符串 str2 接到 str1 后面，str1 最后面的 '\0' 被取消	str1
strchr	char * strchr (char * str, int ch) ;	找出 str 指向的字符串中第一次出现字符 ch 的位置	返回指向该位置的指针，若找不到，则返回空指针
strcmp	int strcmp(char * str1, char * str2) ;	比较两个字符串 str1、str2	str1 > str2，返回正数；str1 = str2，返回 0；str1 < str2，返回负数
strcpy	char * strcpy (char * str1, char * str2) ;	把 str2 指向的字符串复制到 str1 中去	返回 str1
strlen	unsigned int strlen(char * str) ;	统计字符串 str 中字符的个数（不包括终止符 '\0')	返回字符个数
strstr	char * strstr (char * str1, char * str2) ;	找出 str2 字符串在 str1 字符串中第一次出现的位置（不包括 str2 的串结束符 '\0'）	返回该位置的指针，若找不到，返回空指针

4．输入/输出函数

使用下表中的输入/输出函数时，应在源程序文件中使用以下预处理命令行：

`#include<stdio.h>`

函数名	函数原型	功　　能	返回值	说　　明
clearerr	void clearerr (FILE *fp) ;	使 fp 所指文件的错误标志和文件结束标志都置 0	无	
close	int close (int fp) ;	关闭文件	关闭成功返回 0，不成功，返回 –1	非 ANSI 标准
creat	int creat (char *filename, int mode) ;	以 mode 所指定的方式建立文件	成功则返回正数，否则返回 –1	非 ANSI 标准
eof	int eof (int fp) ;	检查文件是否结束	遇文件结束，返回 0，否则返回 –1	非 ANSI 标准
fclose	int fclose (FILE *fp) ;	关闭 fp 所指的文件，释放文件缓冲区	出错则返回非 0，否则返回 0	
feof	int feof (FILE *fp) ;	检查文件是否结束	遇文件结束符返回非 0，否则返回 0	
fgetc	int fgetc (FILE *fp) ;	从 fp 所指定的文件中取得下一个字符	返回所得到的字符，若读入出错，返回 EOF	
fgets	char *fgets (char *buf, int n, FILE *fp) ;	从 fp 指向的文件读取一个长度为（n–1）的字符串，存入起始地址为 buf 的空间	返回地址 buf，若遇文件结束或出错，返回 NULL	

函数名	函数原型	功　能	返回值	说　明
fopen	FILE *fopen(char *filename, char *mode) ;	以 mode 指定的方式打开名为 filename 的文件	成功，返回一个文件指针（文件信息区的起始地址），否则返回 0	
fprintf	int fprintf (FILE *fp, char *format, args, …) ;	把 args 的值以 format 指定的格式输出到 fp 所指向的文件中	实际输出的字符个数	
fputc	int fputc (char ch, FILE *fp) ;	将字符 ch 输出到 fp 指向的文件中	成功，则返回该字符；否则返回 0	
fputs	int fputs (char *str, FILE *fp) ;	将 str 指向的字符串输出到 fp 所指向的文件	返回 0，若出错返回非 0	
fread	int fread (char *pt, unsigned size, unsigned n, FILE *fp) ;	从 fp 所指向的文件中读取 n 个长度为 size 的数据项，存到 pt 所指向的内存区	返回所读的数据项个数 n，如遇文件结束或出错返回 0	
fscanf	int fscanf (FILE *fp, char format, args, …) ;	从 fp 所指向的文件中按 format 给定的格式将输入数据送到 args 所指向的内存单元（args 是指针）	已输入的数据个数	
fseek	int fseek (FILE *fp, long offset, int base) ;	将 fp 所指文件的位置指针移到以 base 所指出的位置为基准、以 offset 为位移量的位置	返回当前位置，否则返回 –1	
ftell	long ftell (FILE *fp) ;	返回 fp 所指文件的当前读写位置	返回 fp 所指文件的当前读写位置	
fwrite	int fwrite (FILE *ptr, unsigned size, unsigned n, FILE *fp） ;	把 ptr 所指向的 n * size 个字节输出到 fp 所指向的文件中	写到 fp 文件中的数据项的个数	
getc	#define getc(fp) fgetc(fp) 可看作： int getc (FILE *fp) ;	从 fp 所指向的文件中读入一个字符	返回所读的字符，若文件结束或出错，返回 EOF	
getchar	#define getchar() fgetc(stdin) 可看作：int getchar (void) ;	从标准输入设备读取下一个字符	所读字符。若文件结束或出错，则返回 –1	
gets	char *gets (char *str) ;	从标准输入设备输入一个字符串给 str 所指空间	返回地址 str，若出错，返回 NULL	
getw	int getw (FILE *fp) ;	从 fp 所指向的文件读取下一个字（整数）	读入的整数，若文件结束或出错，则返回 –1	非 ANSI 标准

续表

函数名	函数原型	功　能	返回值	说　明
open	int open (char *filename, int mode)；	以 mode 指定的方式打开已存在的名为 filename 的文件	返回文件号（正数）。如打开失败，则返回 –1	非 ANSI 标准函数
printf	int printf (char *format, args, …)；	按 format（一个字符串，或字符数组的起始地址）指向的格式字符串所规定的格式，将输出列表 args 的值输出到标准输出设备	输出字符的个数。若出错返回负数	
putc	#define putc (ch, fp) fputc(ch, fp) 可看作： int putc (int ch, FILE *fp)；	把一个字符 ch 输出到 fp 所指的文件中	输出字符 ch。若出错，返回 EOF。	
putchar	#define putchar (c) fputc(c),stdout) 可看作： int putchar (char ch)；	把字符 ch 输出到标准输出设备	输出字符 ch。若出错，返回 EOF	
puts	int puts (char *str)；	把 str 指向的字符串输出到标准输出设备，将 '\0' 转换成回车换行	返回换行符。若失败，返回 EOF	
putw	int putw (int w, FILE *fp)；	将一个整数 w（即一个字）写到 fp 指向的文件中	返回输出的整数。若出错，返回 EOF	非 ANSI 标准
read	int read (int fd, char * buf, unsigned count)；	从文件号 fd 所指示的文件中读 count 个字节到 buf 指示的缓冲区中	返回真正读入的字节个数。如遇文件结束返回 0，出错返回 –1	非 ANSI 标准函数
rename	int rename (char *oldname, char *newname)；	把由 oldname 所指示的文件名，改为由 newname 所指的文件名	成功返回 0，出错返回 –1	
rewind	void rewind (FILE *fp)；	将 fp 所指文件的当前位置指针置于文件头，并清除文件结束符和错误标志	无	
scanf	int scanf (char *format, args, …)；	从标准输入设备按 format 指向的格式字符串所规定的格式，输入数据给 args 所指向的单元	读入并赋给 args 的数据个数。遇文件结束返回 EOF，出错返回 0	args 为指针
write	int write (int fd; char *buf, unsigned count)；	从 buf 指示的缓冲区输出 count 个字符到 fd 所标志的文件中	返回实际输出的字节数。如出错返回 –1	非 ANSI 标准函数

5. 动态存储分配函数

ANSI C标准建议设4个有关动态存储分配的函数，即calloc( )、malloc( )、free( )、realloc( )。但许多C编译系统往往增加了一些其他函数。

ANSI C标准建议在 stdlib.h 头文件中包括有关信息，但许多C编译系统要求用malloc.h。

ANSI C标准要求动态分配系统返回void指针。void指针具有一般性，它们可以指向任何类型的数据。但有的C编译系统所提供的这类函数返回char指针。无论以上两种情况的哪一种，都需要用强制类型转换方法把void或char指针转换成所需的类型。

函数名	函数原型	功　　能	返回值
calloc	void *calloc(unsigned n, unsigned size);	分配 n 个数据项的连续内存空间，每个数据项的大小为 size 个字节	所分配内存单元的起始地址；若不成功，返回 0
free	void free (void *p);	释放 p 所指的内存区	无
malloc	void *malloc(unsigned size);	分配 size 个字节的存储区。	所分配的内存区起始地址；若内存不够，返回 0
realloc	void * realloc (void *p, unsigned size);	将 p 所指的已分配内存区的大小改为 size 个字节。size 可以比原来分配的空间大或小	返回指向该内存区的指针

参 考 文 献

［1］谭浩强. C程序设计［M］. 2版. 北京：清华大学出版社，2000.

［2］秦友淑，曹化工. C语言程序设计教程［M］. 武汉：华中理工大学出版社，2000.

［3］向华. C语言程序设计［M］. 2版. 北京：清华大学出版社，2012.

［4］潘志安，朱运乔，余小燕，等. C语言程序设计实例教程［M］. 北京：中国铁道出版社，2012.

［5］衡军山，马晓晨. C语言程序设计［M］. 北京：高等教育出版社，2016.

［6］全国计算机等级考试［M］. 2016版. 北京：高等教育出版社，2015.

郑重声明

中国铁道出版社有限公司依法对本书享有出版权。任何未经许可的复制、销售行为均违反《中华人民共和国著作权法》，其行为人将承担相应的民事责任和行政责任；构成犯罪的，将被依法追究刑事责任。为了维护市场秩序，保护读者的合法权益，避免读者误用盗版书造成不良后果，我社将配合行政执法部门和司法机关对违法犯罪的单位和个人进行严厉打击。社会各界人士如发现上述侵权行为，希望及时举报，本社将奖励举报有功人员。

反盗版举报电话　　010-51873659

通信地址　　北京市西城区右安门西街8号 中国铁道出版社有限公司

邮政编码　　100054

"学堂在线"使用说明

登录学堂在线官网http://www.xuetangx.com/，以前未在本网站注册的用户，请先注册。用户登录后，在首页或课程频道搜索本书对应课程"程序设计基础（C语言），李岚"进行在线学习。用户可以扫描"学堂在线"首页或扫描本页下方提供的二维码下载"学堂在线"移动客户端，通过该客户端进行在线学习。

iPhone版下载| iPad版下载| Android版下载